I0047128

Role et devenir des corps nucleaires PML lors des infections virales

Tarik Regad

Role et devenir des corps nucleaires PML lors des infections virales

PML, un nouvel intermédiaire de l'effet antiviral de l'interféron

Presses Académiques Francophones

Mentions légales / Imprint (applicable pour l'Allemagne seulement / only for Germany)
Information bibliographique publiée par la Deutsche Nationalbibliothek: La Deutsche Nationalbibliothek inscrit cette publication à la Deutsche Nationalbibliografie; des données bibliographiques détaillées sont disponibles sur internet à l'adresse http://dnb.d-nb.de.
Toutes marques et noms de produits mentionnés dans ce livre demeurent sous la protection des marques, des marques déposées et des brevets, et sont des marques ou des marques déposées de leurs détenteurs respectifs. L'utilisation des marques, noms de produits, noms communs, noms commerciaux, descriptions de produits, etc, même sans qu'ils soient mentionnés de façon particulière dans ce livre ne signifie en aucune façon que ces noms peuvent être utilisés sans restriction à l'égard de la législation pour la protection des marques et des marques déposées et pourraient donc être utilisés par quiconque.

Photo de la couverture: www.ingimage.com

Editeur: Presses Académiques Francophones est une marque déposée de
Südwestdeutscher Verlag für Hochschulschriften GmbH & Co. KG
Heinrich-Böcking-Str. 6-8, 66121 Sarrebruck, Allemagne
Téléphone +49 681 37 20 271-1, Fax +49 681 37 20 271-0
Email: info@presses-academiques.com

Produit en Allemagne:
Schaltungsdienst Lange o.H.G., Berlin
Books on Demand GmbH, Norderstedt
Reha GmbH, Saarbrücken
Amazon Distribution GmbH, Leipzig
ISBN: 978-3-8381-7124-1

Imprint (only for USA, GB)
Bibliographic information published by the Deutsche Nationalbibliothek: The Deutsche Nationalbibliothek lists this publication in the Deutsche Nationalbibliografie; detailed bibliographic data are available in the Internet at http://dnb.d-nb.de.
Any brand names and product names mentioned in this book are subject to trademark, brand or patent protection and are trademarks or registered trademarks of their respective holders. The use of brand names, product names, common names, trade names, product descriptions etc. even without a particular marking in this works is in no way to be construed to mean that such names may be regarded as unrestricted in respect of trademark and brand protection legislation and could thus be used by anyone.

Cover image: www.ingimage.com

Publisher: Presses Académiques Francophones is an imprint of the publishing house
Südwestdeutscher Verlag für Hochschulschriften GmbH & Co. KG
Heinrich-Böcking-Str. 6-8, 66121 Saarbrücken, Germany
Phone +49 681 37 20 271-1, Fax +49 681 37 20 271-0
Email: info@presses-academiques.com

Printed in the U.S.A.
Printed in the U.K. by (see last page)
ISBN: 978-3-8381-7124-1

Copyright © 2012 by the author and Südwestdeutscher Verlag für Hochschulschriften GmbH & Co. KG and licensors
All rights reserved. Saarbrücken 2012

PREFACE

Les interférons sont une grande famille de cytokines, impliquées dans plusieurs processus cellulaires, ces activités sont essentiellement antivirales, anti-prolifératives et immuno-modulatrices. Ces différents rôles biologiques passent par l'induction d'un certain nombre de gènes. L'activité antivirale des interférons est médiée par plusieurs protéines, les plus connues sont : la protéine PKR, les protéines Mx, la 2'-5 oligoadénylate synthétase et récemment la protéine PML.

PML appartient à la famille des protéines RBCC. Elle est le composant essentiel des corps nucléaires PML. Après sa modification par la protéine SUMO, PML entraîne le recrutement d'autres protéines cellulaires sur ces structures et joue un rôle régulateur dans plusieurs processus cellulaires (Transcription, croissance cellulaire, apoptose et sénescence). PML est induite directement par l'interféron et semble posséder un rôle antiviral contre le Virus de l'influenza et le VSV, dans d'autres cas, cette dernière est la cible d'autres virus.

Je me suis intéressé, dans ce projet de thèse, à l'étude de l'activité antivirale de l'interféron médiée par PML III contre le HFV et au devenir des corps nucléaires PML lors de l'infection par le virus de la rage. La sur-expression de PML III dans différentes lignées cellulaires confère la résistance à l'infection par le virus HFV. PML agit sur la transcription primaire du HFV en inhibant la fixation du trans-activateur Tas sur le LTR et le promoteur interne. Cette inhibition passe par une interaction directe entre le domaine RING de PML III et le domaine N-terminal de Tas. Cette répression transcriptionnelle par PML III semble être, indépendante de sa modification par SUMO, mais néanmoins nécessite sa présence dans le noyau. Plusieurs virus emploient différentes stratégies pour contourner cette activité antivirale, c'est le cas du virus de la rage qui entraîne la réorganisation des corps nucléaires PML. Cette altération semble impliquer le sous-produit P3 présent dans le noyau lors de l'infection par ce rhabdovirus. Une interaction entre l'extrémité C-terminal de P3 et le domaine RING de PML III semble également être nécessaire. Enfin, dans les cellules PML déficientes, le virus de la rage semble se répliquer beaucoup plus facilement que dans les cellules PML sauvages.

Tarik Regad

Sommaire

INTRODUCTION

I/ Interférons

A/ Découverte et classification

La capacité de l'interféron à conférer un état antiviral dans les cellules infectées a été à l'origine de sa découverte (Issacs and Lindenmann, 1957). Les interférons sont nécessaires à la survie des espèces vertébrées en constituant la première ligne de défense contre les infections virales. Ce rôle vital a été démontré par la sensibilité accrue au infections virales chez des souris déficientes pour les récepteurs de type I et de type II (Van den Broek et al., 1995). Plusieurs mécanismes sont employés par les interférons pour lutter contre les infections virales. Cette activité antivirale s'exerce à toutes les étapes de la réplication virale ; de l'entrée du virus à sa transcription et jusqu'à sa maturation et sa sortie.

Les IFNs sont une grande famille de cytokines impliquées en dehors de leur activité antivirale, dans la régulation de la croissance cellulaire et l'activation du système immunitaire. Les IFNs sont classés en deux grands groupes suivant leurs origines cellulaires et leurs propriétés fonctionnelles et antigéniques (Stark et al, 1998, Goodbourn et al, 2000). Les IFNs de type I produits en réponse à l'infection virale, consistent en l'expression des différents produits de la famille multigénique de l'IFNα, synthétisés par les leucocytes, et du produit de l'IFNβ synthétisé par les fibroblastes. L'IFN de type II est le produit du gène IFNγ, synthétisé par les cellules NK (Natural Killer) et les lymphocytes T activées (Vilcek and Sen, 1996). L'IFN de typeI (IFNα/β) et l'IFN de type II (IFNγ) ne présentent aucune homologie structurale. Les deux types d'IFNs entraînent un état antiviral dans les cellules cibles en induisant la synthèse de différentes protéines capables d'interférer avec les processus cellulaires ou viraux. Les deux types d'IFN diffèrent aussi au niveau fonctionnel suivant la spécificité des infections virales et les mécanismes employés pour lutter contre ces infections, mais des similarités fonctionnelles existent entre les deux types d'IFN dûes à une synergie d'induction des différents gènes impliqués dans la réponse aux interférons (Foss and Prydz, 1999).

B/ Biosynthèse des interférons

L'expression des interférons est régulée au niveau transcriptionnel (Harada et al., 1998 ; Pitha et al., 1998 ; Hiscott et al., 1999 ; Mamane et al., 1999) et post-transcriptionnel (Whittemore and Maniatis, 1990 ; Raj and Pitha, 1993). Plusieurs facteurs de transcription régulent positivement ou négativement l'expression des interférons au cours de l'infection virale :

1/ Biosynthèse de l'interféron α/β

L'IFNβ est induit par l'ARN db provenant du génome viral ou résultant de sa transcription et de sa réplication (Jacobs and Langland, 1996). Cette induction par l'ARN double brin entraîne la redistribution du facteur de transcription NF-κB du cytoplasme vers le noyau. Cette re-localisation fait suite à sa phosphorylation et à dissociation de son inhibiteur naturel IκB. Une fois dans le noyau, NF-κB au sein d'un complexe multiprotéique appelé enhanceasome contenant CBP/p300, ATF-2/c-Jun et IRF-3 se fixe sur le domaine de régulation positive (PRD I) du promoteur de l'IFNβ (Du et al., 1993 ; Sato et al., 1998 ; Schafer et al., 1998 ; Yoneyama et al., 1998). L'IFNα est également induit lors de l'infection virale. Cette induction est observée chez la souris où l'IFNα4 est induit également par le complexe IRF3-CBP/p300 et semble participer avec l'IFNβ à l'induction des autres sous-types d'IFNα.

2/ Biosynthèse de l'interféron γ

L'IFNγ est sécrété par les lymphocytes T CD4[+], les CD8[+] et par les cellules NK (Natural Killer) en réponse à l'activation transcriptionnelle induite par leur contact avec les cellules présentatrices d'antigènes (Young et al., 1996). Dans ces cellules, le promoteur de l'IFNγ est sous le contrôle de deux éléments régulateurs : proximal et distal (Aune et al., 1997). L'élément distal n'est activé que dans les cellules CD8[+]. L'élément proximal est activé par des complexes c-Jun et ATF2 et l'élément distal par les complexes GATA-3 et ATF-1 (Penix et al., 1996 ; Zhang et al., 1998). Les mécanismes de transduction du signal impliqués dans l'activation transcriptionnelle du promoteur de l'IFNγ semblent être initiés par les voies p38-JNK2 (Rincon and al., 1998 ; Yang et al., 1998 ; Lu et al., 1999). Ce signal est induit par les cytokines IL-12 et IL-18 produits par les cellules présentatrices d'antigènes activées (Okamura et 1998).

C/ Signalisation des interférons

1/ Signalisation des interférons de Type I

Le récepteur des IFN de type I est composé de deux sous-unités IFNAR1 et IFNAR2. Les deux molécules par leur domaine cytoplasmique sont associées à la tyrosine kinase Tyk2 (» Janus » Tyrosine kinase) (Colamonici et al, 1994) et la protéine janus kinase (Jak1) (Novick et al, 1994) (Goodbourn et al, 2000). IFNAR2 est également associé à STAT1 (Signal Transducers and Activators of Transcription) et STAT2 (Li et al, 1997, Stark et al,1998). En réponse à l'interféron α/β , Les deux sous-unités se dimérisent, favorisant une phosphorylation de Jak1 et Tyk2 qui à leurs tour phosphoryle Stat1 et Stat2 entraînant la constitution d'un hétérodimère Stat1-Stat2 à travers leurs région phosphotyrosine mutuelle SH2 (Src homology region 2)(Pellegrini and Dusanter-Fourt, 1997 ; Schindler and Darnell, 1995). Cet hétérodimère forme un complexe avec IRF-9, membre de la famille IRF (Interferon Regulatory Factor). Le complexe appelé complexe ISGF3 (IFN-Stimulated Gene Factor 3) est transloqué dans le noyau et se fixe sur les ISRE (IFNα/β-Stimulated Response Element) dont la séquence consensus est -GAAAN(N)GAAA- présente de façon parfaite ou imparfaite sur les gènes induit directement par les IFN de typeI (ISG ou IFNα/β Stimulated Genes) (Figure 1).

2/ Signalisation de l'interféron de type II

Les deux sous-unités IFNGR1 et IFNGR2 forment le récepteur de l'IFN de type II. IFNGR1 est associé à la kinase Jak1 et IFNGR2 est associé à la protéine kinase Jak2 (Bach et al, 1996, Kotenko et al, 1995, Sakatsume et al, 1995, Kaplan et al, 1996). En réponse à l'IFNγ, les deux sous–unités s'oligo-dimérisent et entraîne la phosphorylation et l'activation de Jak1 et de Jak2. Les protéines Jak activées phosphorylent les Stat1 qui s'homo-dimérisent et migrent dans le noyau et se fixent sur le promoteur des gènes induits par l'IFNγ et présentant des séquences GAS -TTNCNNNAA- (IFNγ Activated Sequence) (Figure 1). D'autre part, IRF1 membre de la famille IRF et induit par l'IFNγ (présence de GAS sur son promoteur) est également capable de se fixer sur les ISRE (Foss and Prydz, 1999).

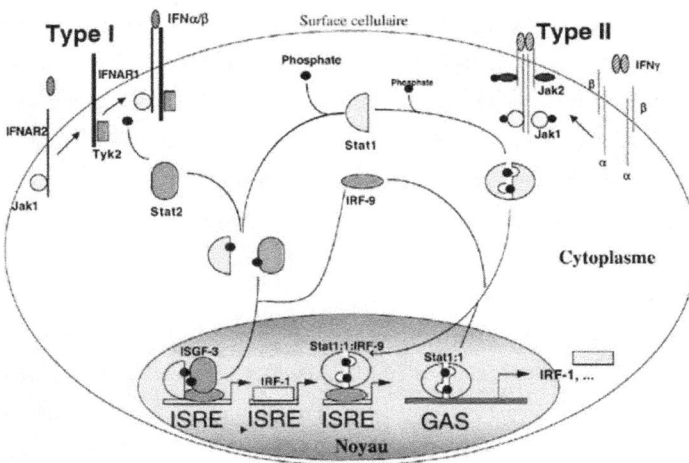

Figure 1. Signalisation des interférons

7

D/ Activités des interférons :

1/ Fonctions immuno-modulatrices

Les interférons interviennent à toutes les étapes de l'immunité innée ou acquise. Tous qu'ils soient de type I ou II sont capables d'induire l'expression des protéines du complexe majeur d'histocompatibilité de classe I et de promouvoir la réponse des cellules CD8[+] (Boehm et al, 1997). Néanmoins, seul L'IFNγ est capables d'induire l'expression des protéines du complexe d'histocompatibilité de classe II et de promouvoir la réponse des cellules CD4[+]. L'IFNγ est capable aussi de réguler la balance entre cellules Th1 et Th2 en augmentant la synthèse de IL-12 dans les cellules présentatrices d'antigènes (Dighe et al, 1995, Flesch et al, 1995, Murphy et al, 1995). L'IL-2 est le premier effecteur induisant le développement des CD4[+] en Th1 (Hsieh et al, 1993, Trinchieri et al, 1995). Au contraire l'IFNγ prévient le développement des cellules Th2 par l'inhibition de la production de l'IL-4 nécessaire à leurs formation (Szabo et al, 1995). Il est également capable d'activer les macrophages contre les microbes en induisant l'assemblage de l'enzyme oxydase NADPH qui génère la production de NO (Nitric Oxide) à travers la synthétase oxido-nitrique (iNOS) dont le gène est induit par L'IFNγ et qui catalyse la formation de NO (MacMicking et al, 1997).

L'autre rôle de l'IFNγ est de modifier l'activité du protéasome permettant la production de peptides qui se fixent sur le complexe majeur d'histocompatibilité de classe I pour leur présentation à la surface cellulaire. Cette modification protéasomique interviendrait dans l'augmentation de l'expression de TAP1 et TAP2 nécessaire au transfert des peptides générés par le protéasome, à partir du cytoplasme vers le réticulum endoplasmique ou se trouve les protéines du CMHI (Trowsdale et al, 1990 ; Epperson et al, 1992). En ce qui concerne les IFNα/β, leur rôle majeur dans la régulation de la réponse immunitaire se situe dans la stimulation de la prolifération des NK (Natural Killer) par induction de l'IL-15 dans les monocytes et les macrophages mais à un niveau limité (Ogasawara et al, 1998 ; Kaser et al, 1999).

2/ Propriétés anti-prolifératives

Les IFNs sont capables d'inhiber la croissance cellulaire dans différents types cellulaires en fonction de leur sensibilité au traitement au IFN. Cet effet inhibiteur est absent dans certains types cellulaires qui ne semblent pas répondre au IFN. Leur inhibition se manifeste aussi dans les cellules cancéreuses et les cellules infectées par des virus. Dans les cellules B lymphocytaires Daudi, il suffit d'un traitement d'une unité/ml d'IFNα/β pour bloquer leur croissance, cette inhibition semble être médiée par la diminution rapide de l'expression de c-myc suite à une diminution possible du facteur de transcription E2F (Melamed et al, 1993). La compréhension des mécanismes de cet effet anti-prolifératif implique plusieurs protéines induites par les IFN et pouvant expliquer ce phénomène. La RNase L semble avoir un effet anti-prolifératif. Sa sur-expression dans les cellules SVT2 inhibe leur croissance, cet effet est contrecarré par la sur-expression d'un mutant négatif de la RNase L (Coccia et al, 1990 ; Hassel et al, 1993). La protéine p202 membre de la « famille 200 » est sans doute l'une des protéines induite par les IFN qui joue un rôle majeur dans l'effet anti-prolifératif de l'IFN (Kingsmore et al, 1989 ; Lembo et al, 1995 ; Gutterman et Choubey, 1999). Effectivement cette protéine est capable de se lier à la protéine E2F formant un complexe rendant impossible sa fixation sur l'ADN et par conséquent la transcription des gènes nécessaires à la transition G1-S (Choubey et Lengyel, 1995 ; Choubey et al, 1996 ; Choubey et Gutterman, 1997).

Les IFNs agissent aussi directement sur le cycle cellulaire en augmentant le niveau de la p21 l'inhibiteur de la cycline kinase dépendante (CDK) (Chin et al, 1996 ; Subramaniam et johnson, 1997 ; Subramaniam et al, 1998). Cette cycline kinase est nécessaire à la transition de la phase G1 à la phase S (Harper et al, 1993 ; Cartel et al, 1996). Quand le niveau de la p21 est élevé, la protéine du rétinoblastoma (Rb) n'est plus phosphorylée ce qui permet à cette dernière de former des complexes avec le facteur de transcription E2F impliqué dans la transcription de plusieurs gènes clés de la transition de la phase G1 vers la phase S (Iwase et la, 1997 ; Kirch et al, 1997 ; Furukawa et al, 1999).

3/ Interférons et apoptose

Comme la majorité des cytokines les IFNs possèdent des propriétés pro ou anti-apoptotiques suivant les conditions cellulaires comme la différenciation cellulaire. L'IFNγ par exemple, induit l'apoptose dans les cellules pré-B murines mais inhibe l'apoptose des cellules T leucémiques (Buschule et al., 1993 ; Grawunder et al., 1993 ; Rojas et al., 1996). Il est également impliqué dans l'apoptose dépendante de Fas et de Fas ligand (Xu et al., 1998). D'autre part, lors de l'infection virale, l'IFN est capable d'induire une apoptose des cellules infectées pour s'assurer leur élimination et limiter la propagation virale aux autres cellules non infectées. Cette activité est assurée par la PKR et le système 2'-5'A qui jouent un rôle majeur dans la réponse apoptose dépendante. PML aussi semble jouer un rôle dans l'apoptose induite par les IFNs (Wang et al., 1998). Le traitement des cellules PML sauvages par l'IFNα, induit une apoptose massive de ces cellules. Cet effet est réduit dans les cellules déficientes pour PML. Il a été aussi démontré l'induction des caspases 1, 3 et 8 (Chin et al., 1997 ;

Subramaniam et al., 1998 ; Balachandran et al., 2000) par les IFNs entraînant l'initiation de l'apoptose lors de l'infection virale.

4/ Propriétés antivirales

L'importance des interférons dans la réponse aux infections virales a été établie en étudiant les souris déficientes pour les récepteurs de type I (α/β), de type II (γ) ou les deux. Les souris déficientes pour les récepteurs de type I sont incapables de résister à une infection par l'EMCV ou le VSV (Muller et al., 1994). Celles déficientes pour le récepteur de type II montrent une susceptibilité accrue à l'infection par le virus de la vaccine ou à la listeria monocytogène (Huang et al., 1993). Le rôle antiviral des interférons a été définitivement démontré dans les souris déficientes pour les deux types de récepteurs (Van den Broek et al., 1995). La réponse antivirale des interférons est médiée par plusieurs protéines. Certaines sont mieux connues comme la protéine kinase dépendante (PKR), les protéines Mx et le système 2'-5'A synthétase/RNase L. D'autres protéines moins connues sont également impliquées dans l'action antivirale de l'IFN (Tableau I).

PKR (dsRNA-dependent protein kinase)

La PKR est une sérine-thréonine induite par les IFN, impliquée dans de nombreuses fonctions dans la régulation de la transcription et la traduction cellulaire (Clemens et Elia, 1997). Cette protéine est inactive en absence d'ARN double brin qui l'active après sa fixation sur son domaine N-terminal (Meurs et al, 1990 ; Katze et al, 1991 ; George et al, 1996). La PKR possède deux domaines bien caractérisés, un domaine régulateur en N-terminal et un domaine catalytique en C-terminal où se trouvent les motifs conservés, propres à son activité protéine kinase (Meurs et al, 1990). Suite à la fixation d'ARN double brin, la PKR subit une modification conformationnelle lui permettant de démasquer son domaine catalytique. La PKR active est suggérée dimérique, l'une des molécules acceuille l'ARN double brin et l'autre trans-phosphoryle les autres molécules PKR sur les sérines et les thréonines (Meurs et al, 1990 ; McMillan et al, 1995). L'activité de la PKR diminue rapidement en présence d'un taux élevé d'ARN double brin conséquence de la saturation des sites de fixation N-terminaux. Néanmoins, la fixation de ce dernier nécessite une taille minimale de 50 paires de base, mais il n'existe pas de séquence bien déterminée pour la fixation, certains sont plus activateurs que d'autres (Robertson et Mathews, 1996).

Le rôle le plus connu de la PKR est sa capacité de phosphoryler la sous-unité α du facteur d'initiation de la traduction elF2 incontournable durant les premières phases de la traduction cellulaire (Meurs et al, 1992 ; Clemens et Elia, 1997). Cette phosphorylation est responsable de l'incapacité d'échange du complexe eIF2 -GDP (Guanosine Di-Phosphate) en complexe actif eIF2-GTP. Le complexe eIF-GDP se lie fortement avec eIF2B bloquant ainsi la traduction cellulaire (Ramaiah et al, 1994 ; Clemens et Elia, 1997). D'autres activités ont été attribuées à la PKR notamment dans la médiation du signal de transduction en réponse à l'ARN double brin et à certains ligands (Williams et al, 1999). La PKR est capable d'activer le facteur de transcription NFκB essentiel à l'induction du gène de l'IFNβ. Cette activation se fait en réponse à l'ARN double brin. D'autre part, la PKR a été décrite comme activant les facteurs de transcription STAT1 (Wong et al, 1997 ; Ramana et al, 2000), IRF-1 (Kumar et al, 1997) et p53 (Cuddihy et al, 1999) mais les mécanismes de ces activation restent à clarifier. Son rôle dans l'apoptose induite par les virus à ARN double brin a été également évoqué, cette apoptose semble être Bcl-2 et caspase dépendante (Lee et al, 1997).

La 2'-5' oligoadenylate synthétase (2-5 A)

Les 2'-5' oligoadenylate synthétases sont un groupe d'enzymes induites par les IFNs et capables de synthétiser à partir de l'ATP, des oligomères d'adénosine liés à des groupes phosphodiester avec une conformation inhabituelle de 2' à 5' (Kerr and Brown, 1978). Les 2-5 A se fixent sur les monomères inactives RNase L (endo-ribonucléase L) et entraîne leurs homo-dimérisation en formant des enzymes RNase L actives. La RNase L active catalyse le clivage des ARN monobrin et des ARNm provoquant l'inhibition de la synthèse protéique (Silverman et al , 1997). Néanmoins, le clivage semble être préférentiel pour les transcrits viraux (Nilson and Baglioni, 1979). D'autre part, il a été rapporté le clivage de l'unité 28S du ribosome inactivant ainsi la traduction cellulaire (Iordanov et al, 2000). Le Virus de la vaccine, les réovirus et l'EMCV (EncephaloMyoCarditis Virus) semblent être la cible du système 2'-5' A/ RNaseL en réponse au IFNα/β (Silverman et Cirino, 1997), cela est observable chez les souris nulle pour la RNase L où l'activité antivirale de l'IFNα fait défaut (Zhou et al, 1997). En plus de son activité antivirale, un rôle de la RNase L dans l'apoptose a été décrit chez des souris nulle pour le gène de la RNase où il a été observé une absence d'apoptose dans plusieurs tissus (Zhou et al, 1997 ; Diaz-Guerra et al, 1997), mais ces données méritent d'être plus approfondies.

Les protéines Mx

Les protéines Mx possèdent une activité antivirale contre un grand nombre de virus à ARN. Cette activité est observée par l'action de la protéine Mx1 murine contre les orthomyxovirus (Staeheli et al., 1986, 1988 ; Haller et al., 1995) et la protéine cytoplasmique humaine MxA contre les orthomyxovirus (Pavlovic et al., 1990, 1992 ; Frese et al., 1995, 1997), les

11

paramyxovirus (Schneider-Schaulies et al., 1994 ; Zhao et al., 1996), les Rhabdovirus (Pavlovic et al., 1990), les bunyavirus (Frese et al., 1996 ; Kanerva et al., 1996) et les togavirus (Landis et al., 1998). Cette famille de GTPases homologues à la dynamine, induites par l'IFN est très conservée chez toutes les espèces du règne animal. Leurs mécanismes d'action n'est pas bien clair. Il semblerait qu'elles interfèrent avec la réplication virale en inhibant le trafic ou l'activité des polymérases virales (Stranden et al., 1993). Les mutants des protéines Mx perdent leur capacité à hydrolyser le GTP et à inhiber la réplication virale. La détermination exacte de leurs fonctions permettra de mieux comprendre leurs mécanismes d'action antivirale.

Système iNOS (Nitric Oxyde Synthase) / NO (Oxide nitrique)

Les enzymes NOS (Nitric Oxide Synthase) sont connues pour leur capacité à catalyser la production d'oxide nitrique nécessaire à l'activité antimicrobienne des macrophages contre les microbes intra-cellulaires (Cryptococci, Toxoplasma, Mycobactéries et Leishmania) (MacMicking et al, 1997 ; Bogdan, 1997 ; Scharton-Kersten et al, 1997). La production de l'oxide nitrique par les cellules eucaryotes nécessite au moins trois isoformes différents d'enzymes NOS permettant la conversion du nitrogène guanidine de la L-argenine et des molécules oxygènes en L-citrulline et en oxide nitrique (NO) ou en métabolites d'oxide nitrique (NOx). L'expression de NOS est très élevée après activation des macrophages par l'IFNγ et les lipopolysaccharides (LPS) (MacMicking et al, 1997, Lowenstein et al, 1993). Les IFNα/β ont également été décrits comme activant la production de NOS dans les étapes précoces de l'infection (Nakane et al, 1985 ; Diefenbach et al, 1998). L'analyse du promoteur de NOS, isolé à partir de macrophages murines a montré l'existence de deux motifs apparentés aux ISRE (-TATTTCACTTTCA-) (-CCTTTCTCTGTCT-) et un motif PIE (Pu.1/IFNγ Element) (-GTTCCTTTTCCC-) induit par l'IFNγ en présence de lipopolysacchaides (Lowenstein et al, 1993). L'enzyme NOS a également été décrite comme inhibant le virus de la Vaccine, de l'ectromelia Virus et du HSV-1 (Herpes Simplex Virus type1) dans les macrophages murines après activation par l'IFNγ ou en synergie avec les IFNα/β et le TNFα incapables à eux seul d'induire l'enzyme (Dalton et al, 1993 ; Huang et al, 1993 ; Croen et al, 1993 ; Karupiah et al, 1993 ; Ding et al, 1988).

Autres protéines impliquées dans l'effet antiviral des interférons

La génération de souris déficientes pour la RNase L, la PKR et Mx a permis de déduire l'existence d'autres mécanismes antiviraux des interférons en dehors de ces trois médiateurs

(Zhou et al., 1999). Une protéine découverte récemment (Zhu et al., 1997) ; la viperin semble inhiber la réplication du cytomégalovirus humain. Le gène Cig5 a été isolé par les méthodes DD (Differential Display) et microarray en étudiant les gènes induits suite à un traitement par l'interféron. La séquence en acides aminés de la viperin est homologue à celle de BEST5, produit exprimé durant la différenciation des ostéoblastes chez le rat et à celle de Vig-1, protéine induite chez le poisson après une infection par un rhabdovirus. L'isolation de l'ADN complémentaire murin a permis d'observer une large homologie avec la Viperin humaine (Boudinot et al., 2000). L'extrémité N-terminal de la Viperin et surtout les premiers 70 aa contient un motif leucine zipper impliqué généralement dans les interactions protéine-protéine. Les acides aminés de 71 à 182 également très conservés, comportent un motif nommé MoaA/PQQIII commun aux familles de protéines Moa, NIRJ et PQQIII. Ce motif semble être important à la formation de ponts Fer-sulfure. L'induction de la Viperin par l'IFNα/β s'effectue huit heures après traitement. Elle est beaucoup moins importante avec l'IFNγ. La sur-expression de la Viperin dans les cellules infectées par le HCMV inhibe la production virale d'environ 90%. Cette inhibition se manifeste par l'inhibition de la synthèse protéique de la pp65, de la glycoprotéine B et de la protéine pp28. Ces trois produit sont indispensables à la maturation et à l'assemblage des protéines virales du HCMV. Aucune inhibition n'a été observée pour les protéines IE1 et IE2 (Keh-Cheng and Peter Cresswell, 2001). Le mécanisme d'inhibition de la réplication du HCMV est inconnu.

La protéine ISG20 associée au corps nucléaires PML pourrait être un autre candidat de la réponse antivirale de l'IFN. Elle est induite directement par l'IFN et semble se comporter comme une exonucléase par son homologie avec les membres de la famille des 3'-5' exonucléases comme les RNases T et D. Son expression in vitro entraîne la dégradation de l'ARN monobrin et de l'ADN. Cette activité qui pourrait la rapprocher de la RNase L suggère un rôle potentiel d'ISG20 dans la dégradation de l'ARN viral (Nguyen et al., 2001).

La protéine 9-27 semble aussi être impliquée dans la réponse antivirale de l'IFN contre le VSV (Vesicular Stomatitis Virus). Ces protéines sont codées par la famille de gènes 1-8 (Lewin et al., 1991). Leur séquence révèle une région hydrophobe suggérant leur association avec les membranes cellulaires. L'utilisation d'une sonde ARN correspondant à l'élément de réponse de rev (HIV-1) a d'identifier une activité de fixation à l'ARN des protéines 9-27 (Constantoulakis et al., 1991). C'est en la sur-exprimant dans des cellules qu'il a été observé une susceptibilité moins importante de ces cellules à l'infection par le VSV contrairement aux cellules témoins (Alber et al., 1996). D'autres gènes impliqués dans la réponse antivirale de l'IFN sont encore à découvrir en étudiant les nouveaux gènes induits par l'IFN.

Tableau I. Protéines induites par l'IFN et impliquées dans la réponse antivirale

Induction par l'IFN	Mécanisme d'action	Activité anti-virale
PKR	Inhibition de la traduction cellulaire	EMCV
2'-5'A/Synthétase	Activation de la RNase L et Clivage de l'ARN simple	EMCV Vaccine Réovirus
Protéines Mx A	Inconnue , activité GTPase	Orthomyxovirus Paramyxovirus Rhabdovirus Bunyavirus Togavirus
PML	Répression transcriptionnelle	VSV Influenza HFV
Viperin	Inconnue	HCMV

Dans ce travail, je vais vous parler de PML, une autre protéine impliquée dans l'activité antivirale de l'interféron.

II/ PML (Promyelocytic leukemia)

A/ Historique : la leucémie aiguë promyélocytaire

La leucémie aiguë promyélocytaire est une forme de leucémie aiguë myélocytaire caractérisée par un blocage de la différentiation myélocytaire et l'accumulation de promyélocytes immatures dans la moelle osseuse et dans le système sanguin périphérique (Altabef et al.,

1996 ; Brown et al., 1997 ; Grisolano et al., 1997). Au plan moléculaire, la majorité des cas de leucémie aiguë promyélocytaire sont caractérisés par une translocation impliquant le gène RARα sur le chromosome 17. Jusqu'à ce jour, cinq types différents de partenaires de RARα ont été identifiées, il s'agit de PML, PLZF (Promyelocytic leukemia zinc finger gene), NPM (Nucleophosmin gene), NuMA (Nuclear mitotic apparatus gene) et STAT5 (Melnick and Licht, 1999 ; Pandolfi, 2001). La translocation t(15 ;17) est sûrement celle qui a été la plus étudiée et celle aussi qui a permet d'aboutir à des traitements cliniques des patients atteints par l'utilisation de l'acide rétinoïque (ATRA) ou l'arsenic (Melnick and Licht, 2000 ; Huang et al., 1988 ; Chen et al., 1996 ; Mervis et al., 1996). Cette translocation entraîne l'expression d'une protéine fusion entre PML et le récepteur de l'acide rétinoïque impliquée dans la régulation de la différentiation de la lignée myélocytaire (Kastner et al., 2001). Le clonage de cette translocation a ouvert un nouveau volet sur le rôle de chaque partenaire (PML, RARα) dans les différents processus cellulaires.

B/ Structure de PML

Le gène PML est constitué de neuf exons dont l'épissage donne naissance à plusieurs transcrits (de Thé et al., 1991 ; Fagioli et al., 1992 ; Goddard et al., 1991 ; Karizuka et al., 1991 ; Kastner et al., 1992) (Figure 2 et Tableau II). Les protéines PML appartiennent à une famille de protéines appelées RBCC (Ring finger, B-box, Coiled Coil) ou TRIM (Borden et al., 1998 ; Reymond et al., 2001) caractérisées par la présence de plusieurs domaines riches en cystéines, capables de fixer des molécules de Zinc (Ring finger et B-box) et par un domaine hélice α appelé domaine Coiled-Coil (Saurin et al., 1996) (Figure 2). L'ordre des domaines est assez conservé de l'extrémité N-terminale à l'extrémité C-terminale. Le nombre des B-box et des motifs RBCC peut varier d'un membre à l'autre de cette famille (Orimo et al., 2000). Le motif TRIM est nécessaire à leurs multimérisation et au maintien de leurs structure protéique et fonctionnelle (Cao et al., 1997). Il est aussi nécessaire à leurs interactions fonctionnelles avec d'autres protéines cellulaires ou virales (Peng et al., 2000 ; Shimono et al., 2000 ; Regad et al., 2001). Enfin, les mutations ponctuelles dans le motif RBCC de PML entraînent une altération de la formation des corps nucléaires PML dont elle est le constituant essentiel (Chelbi-Alix et al., 1998 ; Borden et al., 1995 ; Kastner et al., 1992).

Domaine RING

Par ailleurs, des mutations dans le domaine Ring de PML se manifestent par l'incapacité de PML d'exercer son contrôle sur la croissance, l'apoptose cellulaire et sur son activité antivirale (Borden et al., 1997 ; Regad et al., 2001). Il faut aussi souligner l'importance du

15

domaine Ring dans la formation des corps nucléaires PML. Plusieurs travaux ont étudié l'importance du domaine Ring dans la formation des corps nucléaires PML et ont démonté des interactions entre le domaine Ring de PML et l'enzyme UBC-9 (équivalent de l'enzyme E2 pour l'ubiquitine) essentielle au processus de modification par SUMO-1 (Duprez et al., 1999 ; Topçu et al., 1999). La modification de PML par SUMO-1 s'effectue sur une lysine du domaine RING mais également sur d'autres lysines en dehors du domaine Ring.

Les boîtes B (B-box)

Deux motifs riches en cystéine appelés B-box sont situés en aval du domaine Ring. Ce sont deux petits motifs conservés riches en cystéine et en histidine, nommés B1 et B2 de 42 et 46 résidus respectivement capables de fixer des molécules de Zinc (Borden et al., 1995, 1996).

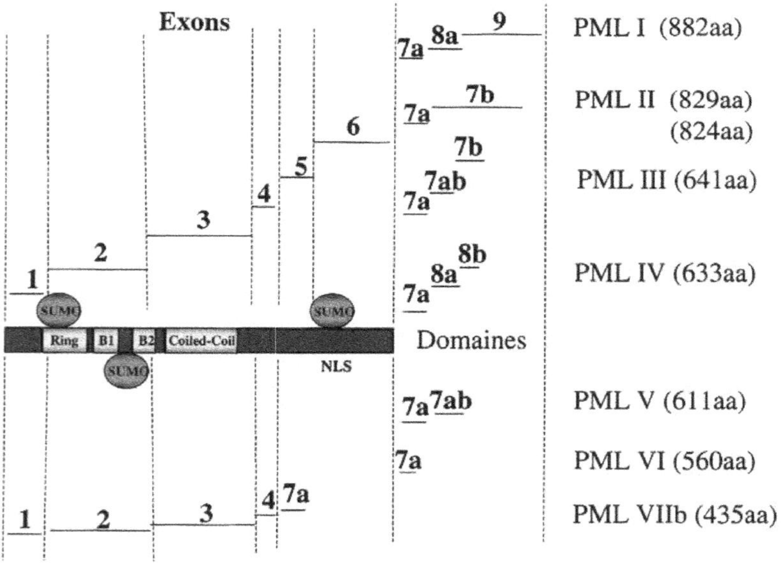

Figure 2. Structure et assemblage des isoformes PML

Des mutations par substitution de cystéines ou d'histidines dans les boîtes B1 et/ou B2 de PML altèrent la formation des corps nucléaires PML mais n'empêchent pas son oligomérisation (Borden et al., 1996). Leurs intégrités structurales sont également nécessaires à l'activité suppressive de la croissance (Fagioli et al., 1998). Encore plus intéressant, le site de sumoylation sur la boîte B1 est critique pour le recrutement de la fraction 11S du protéasome sur les corps nucléaires PML (Lallemand-Breitenbach et al., 2001).

Le domaine Coiled-Coil

C'est un domaine formé d'hélices α et dont la présence est nécessaire aux multimérisation et aux interactions protéine-protéine (Peng et al., 2000). La région prédictive pour le coiled-coil de PML est comprise entre les résidus 229 et 323. Cette région est également nécessaire à la formation des corps nucléaires PML et à l'activité de PML dans la suppression de la croissance cellulaire (Fagioli et al., 1998).

Isoformes	Exons	Références
PMLI	1-2-3-4-5-6-7a-8a9...	PML4 (Fagioli et al. 1992) PML-1(Goddard et al., 1991) TRIM19 alpha (Reymond et al., 2001)
PMLII	1-2-3-4-5-6-7a-7b...	PML2 (Fagioloi et al., 1992) PML-3 (Goddard et al., 1993) TRIM19 gamma(Reymond et al., 2001) TRIM19 delta (Reymond et al., 2001) TRIM19 kappa (Reymond et al., 2001)
PMLIII	1-2-3-4-5-6-7a-7ab retained intron-7b...	PML-L (de Thé et al., 1991)
PMLIV	1-2-3-4-5-6-7a-8a-8b...	PML3 (Fagioli et al., 1992) Myl (Kastner et al., 1992) TRIM19 zeta (Reymond et al., 2001)
PMLV	1-2-3-4-5-6-7a-7ab retained intron...	PML1 (Fagioli et al., 1992) PML-2(Goddard et al., 1991) TRIM19 beta (Reymond et al., 2001)
PMLVI	1-2-3-4-5-6-intron seq. -7a	PML-1 (Kakizuka et al.,1991) PML-3B (Goddard et al., 1991 TRIM19 epsilon (Reymond et al., 2001)
PMLVIIb	1-2-3-4-7b...	TRIM19 theta (Reymond et al., 2001)

D'après Jensen et al., 2001

Tableau II. Représentation schématique de l'assemblage des isoformes PML

C/ Isoformes PML

Tous les isoformes PML ont en commun l'extrémité N-terminale et le motif RBCC ainsi que les trois sites de modification par SUMO-1, mais diffèrent par leur région centrale et leur extrémité C-terminale. Le signal bipartite de localisation nucléaire est présent chez tous les isoformes PML à l'exception de l'isoforme VII qui devrait être cytoplasmique (Jensen et al.,

2001). L'extrémité C-terminale est le lieu d'épissages alternatifs donnant naissance à plusieurs isoformes PML classés en chiffres romains de I à VII (Jensen et al., 2001) (Tableau II). Chaque isoforme est ensuite divisé en sous-groupes a, b, c,…etc, due à un épissage alternatif des exons 4, 5 et 6. Il a été démontré que PML III et PML IV existent sans l'exon 5 (de Thé et al., 1991 ; Fagioli et al., 1992) et PML V sans l'exon 5 et 6 ou bien sans l'exon 4, 5 et 6 (Fagioli et al., 1992). Ces observations permettent de suggérer la possibilité selon laquelle tous les isoformes PML pourrait être subdivisés en plusieurs variants a, b et c (Tableau II) (Fagioli et al., 1992).

D/ PML, SUMO et les corps nucléaires PML

1/ Processus de sumoylation

SUMO est une protéine apparentée à la famille des ubiquitines, capable de modifier de façon covalente leurs protéines cibles. Cette protéine a été appelée Smt3p, Pmt3p, PIC-1, GMP1, Ubl1 ou Sentrin, en rapport avec l'origine tissulaire de son identification (Drosophile, Levure…etc) ou les protéines cibles (Meluh and Koshland, 1995 ; Tanaka et al., 1999 ; Boddy et al., 1996 ; Matunis et al., 1996 ; Shen et al., 1996 ; Okura et al., 1996). Plusieurs travaux ont montré l'importance de la modification post-traductionnelle par SUMO dans la régulation de la stabilité et de la localisation cellulaire des protéines modifiées au cours des différents processus biologiques (Figure 3). La protéine SUMO se retrouve dans le noyau, suggèrant une activité nucléaire du processus de sumoylation (Rodriguez et al., 1999). Néanmoins, certaines protéines cytoplasmiques (RanGAP1 et GLUT1) nécessitent une modification par SUMO pour leur translocation vers le noyau (Giorgino et al., 2000).

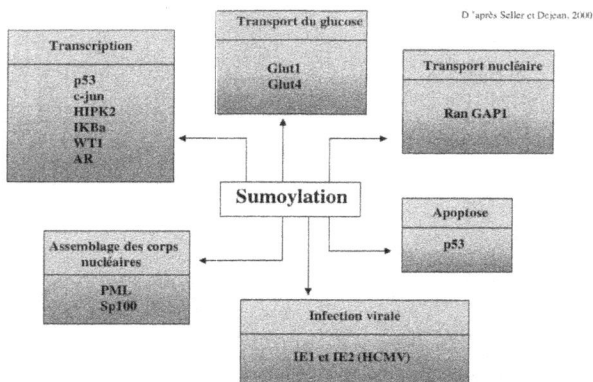

Figure 3. La sumoylation au centre des processus biologiques

L'attachement des protéines SUMO sur leurs protéines cibles après sa maturation par hydrolyse emploie un processus enzymatique permettant une activation (Enzyme E1), une conjugaison (E2) et une ligation (E3) pour former une liaison isopeptidique entre une glycine de l'extrémité C-terminale de SUMO et une lysine de la protéine cible. La première étape de la sumoylation nécessite l'enzyme E1 (Aos1/Uba2) qui permet la formation de ponts thioesters ATP-dépendants entre le résidu glycine en extrémité C-terminal de SUMO et l'enzyme E1 (Desterro et al., 1999 ; Gong et al., 1999 ; Okuma et al., 1999). La deuxième étape dite de conjugaison, utilise l'enzyme Ubc9 (E2) qui permet la formation de lien thioester avec SUMO préparant sa conjugaison sur la protéine cible (Gong et al., 1997 ; Johnston and Blobel, 1999 ; Schwarz et al., 1998 ; Lee et al., 1998). La dernière étape de la sumoylation implique la ligase E3 qui permet un transfert direct ou indirect de SUMO à partir de l'enzyme E2 sur le substrat (protéine cible) (Figure 4) (Joazeiro and Weissman, 2000 ; Tyers and Willems, 1999).

2/ Sumoylation de PML et formation des corps nucléaires PML

Le noyau cellulaire est organisé en plusieurs compartiments sous-nucléaires associés à une activité nucléaire spécifique. Les corps nucléaires PML sont une de ces structures. En immuno-fluoréscence, ces structures apparaissent sous forme de petites tâches ponctuées identifiées pour la première fois chez des patients atteints de cirrhose biliaire primaire (Guldner et al., 1992) et appelées aussi corps de Kremer, ND10 (Nuclear Domain 10), POD (PML Oncogenic Domain). Ces corps constituent un complexe multi-protéique attaché à la matrice nucléaire. Plusieurs protéines induites par les IFNs s'y retrouvent (PML, Sp100, Sp140, Sp100, ISG20, PA28) mais aussi d'autres protéines impliquées dans différents processus cellulaires (SUMO-1, Daxx, CBP, BLM, p53, Rb) dont le nombre ne cesse de croître (Zhong at al., 2000). La formation des corps nucléaires PML nécessite obligatoirement la présence de PML. Cette constatation a été démontrée dans des cellules PML-/- (déficientes en PML), où l'on remarque également une altération de l'accumulation des différentes protéines s'y trouvant habituellement (Ishov et al., 1999 ; Zhong et al., 2000). La transfection transitoire de ces cellules par PML corrige ces altérations. La modification de PML par SUMO est également essentielle à la formation des corps nucléaires PML (Figure 4). Celle-ci s'effectue sur trois résidus lysine différents : la lysine 65 du Ring finger, la lysine 160 dans la boîte B1 et la lysine 490 située dans le NLS (Signal de localisation nucléaire) et assure le contrôle de la répartition de PML d'une forme diffuse majoritaire dans le nucléoplasme vers une forme ponctuée associée aux corps nucléaires. Cependant, il a été observé la formation de corps nucléaires en absence de modification par SUMO (Ishov et al., 1999). En microscopie électronique, les corps nucléaires PML apparaissent sous forme de sphères matricielles creuses où PML est localisée à la périphérie (Koken et al., 1994). Par contre, le mutant PML pour les sites de modification SUMO présente aussi des sphères matricielles en microscopie électronique, mais celles-ci apparaissent denses et formées d'agrégats de ce mutant (Lallemand-Breitenbach et al., 2001). Ces observations suggèrent que PML et le mutant PML pour les sites de modification Sumo forment des corps nucléaires différents les uns des autres. Les premiers nécessitent une modification de PML par SUMO les deuxièmes non. Par ailleurs, la sumoylation de PML semble être critique pour la formation des corps nucléaires PML et pour le recrutement des autres protéines associées au corps nucléaires PML ce qui n'est pas le cas du mutant PML pour les sites SUMO, qui n'arrive pas à recruter d'autres constituants des corps nucléaires PML. Récemment, il a été rapporté une dégradation de PML suite à sa sumoylation (Lallemand-Breitenbach et al., 2001). Les auteurs suggèrent l'implication de la fraction 11S dans cette dégradation. La fraction 11S du protéasome est une des protéines associées au corps nucléaires PML et recrutée par PML. Le rôle de cette fraction est mal connu. Elle pourrait jouer un rôle dans l'activation de la dégradation dépendante du protéasome mais aussi dans la protéolyse du complexe d'histocompatibilité majeur. Selon ces mêmes auteurs, PML pourrait induire sa propre dégradation par le recrutement de la fraction 11S sur les corps nucléaires PML.

E/ Fonctions de PML et des corps nucléaires

Dans les cellules déficientes pour le gène PML (PML-/-), les autres composants des corps nucléaires (Sp100, Sp140, CBP, BLM, Daxx) présentent une altération de leur localisation (Ishov et al., 1999 ; Zhong et al., 2000). Par contre l'absence d'autres composants tels que Sp100 et BLM n'affectent pas la localisation de PML sur les corps nucléaires (Zhong et al., 1999 ; Ishov et al., 1999). Ces observations démontrent l'évidence du rôle de PML dans la formation des corps nucléaires. Son inactivation par recombinaison homologue ou sa sur-expression a permis de définir plusieurs fonctions importantes dans la régulation des activités physiologiques cellulaires. Ces rôles multiples peuvent s'expliquer par la régulation de la fonction biochimique de chaque protéine associée au corps nucléaires PML. Cette régulation serait isoforme PML dépendante (Tableau III).

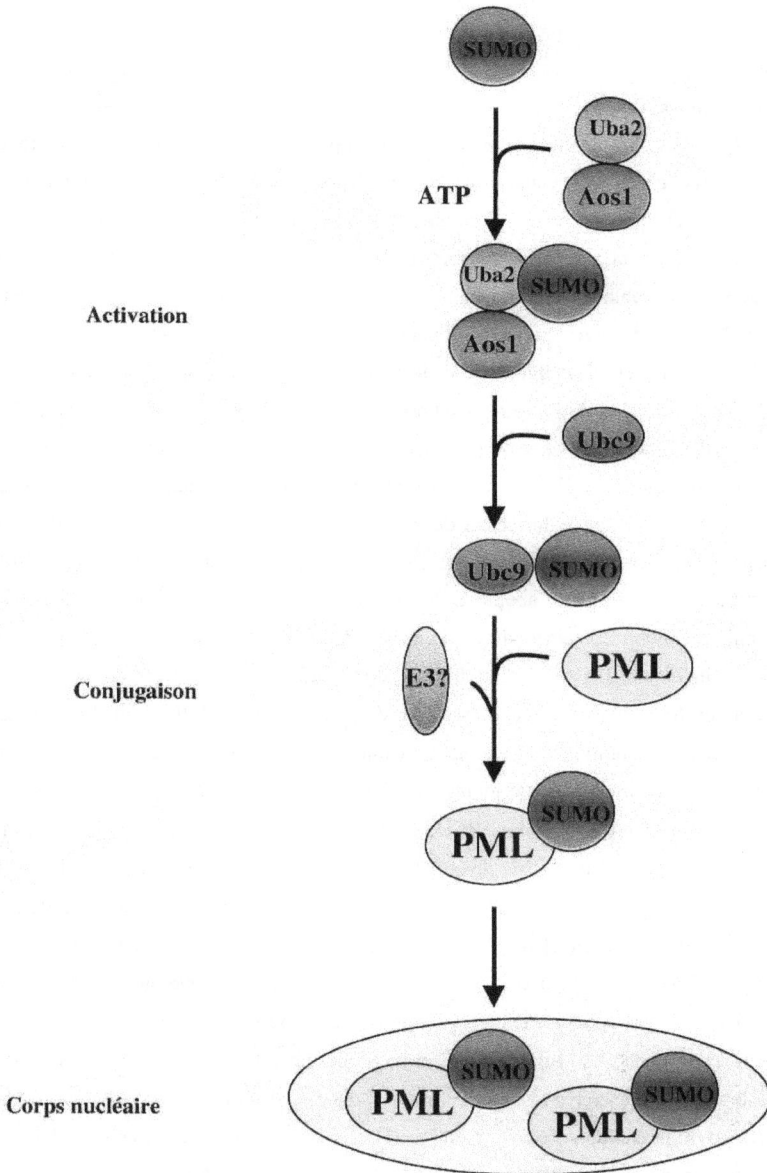

Figure 4. Processus d'assemblage des corps nucléaires PML

1/ Rôle anti-tumoral de PML

Les résultats obtenus par l'étude in vivo ou in vitro ont permis d'établir le rôle anti-tumoral de PML. Les souris, PML déficientes pour le gène PML (PML-/-), injectées par un agent cancérigène développent des cancers avec une fréquence plus élevée que les souris sauvages (PML+/+) (Wang et al., 1998). D'autres part, la sur-expression de PML inhibe la transformation de fibroblastes embryonnaires de rat, induite par H-ras, c-myc ou un mutant p53 (Mu et al., 1994). Un autre exemple sur cette fonction de PML est observé par l'infection adénovirale de PML dans une lignée de cancer du sein (MCF-7). Cette sur-expression de PML conduit à l'induction de l'hypo-phosphorylation de la protéine du rétinoblastome (Rb) mais aussi l'augmentation du taux de p53 et de p21 (Le et al., 1998). La protéine RB est nécessaire à la régulation de l'apoptose durant la différenciation cellulaire. Cette régulation passe par une répression active du facteur de transcription E2F impliqué dans la prolifération cellulaire. Plusieurs études ont montré une corrélation entre p53 et l'inactivation de pRb. Cette inactivation induirait une apoptose dépendante de p53. L'expression du facteur de transcription E2F induit également une apoptose potentialisée par la p53. Cette induction passe par une induction d'ARF responsable d'une régulation négative de la protéine mdm2 qui régule à son tour, négativement l'activation de p53. De même E2F induit l'expression d'APAF1, facteur pro-aptotique par une action conjointe avec p53. Le rôle de PML pourrait se situer à ce niveau. Des études ont montré une interaction directe entre PML et la protéine Rb. La forme hypo-phosphorylée de pRb se trouve recrutée sur les corps nucléaires PML (Alcalay et al., 1998). Cette forme hypo-phosphorylée de pRb étant responsable de la répression de d'E2F s'en trouverait incapable de se lier à E2F et permettrait à ce dernier d'induire directement ou indirectement une apoptose par l'activation de facteurs apoptotique tel que p53 et APAF1. Ces résultats sont confirmés chez des souris nude où l'on observe un arrêt de la phase G1, une apoptose et la suppression de la formation de tumeurs.

La co-localisation de BLM (produit du gène impliqué dans le syndrome de Bloom) avec PML sur les corps nucléaires et l'observation d'une augmentation des échanges inter-chromatides dans les cellules PML-/- identique à celle observée dans les cellules BLM-/- suggèrent un rôle possible de PML dans le maintien de la stabilité génomique (Zhong et al.,1999 ; Ishov et al., 1999).

2/ Apoptose

Apoptose p53 dépendante

Le gène p53 est un gène suppresseur de tumeurs codant pour un facteur de transcription dont l'activité est abolie dans 50% de cancers humains. Son activité se traduit par un contrôle de la stabilité génomique et de l'expression oncogénique en induisant l'arrêt du cycle cellulaire et l'apoptose. Ces activités sont médiées par différentes protéines telles que p21, Bax, GADD45, APAF1, Fas/Apo1, Bcl-2, NF-kB, Puma ou Noxa (Hickman et al., 2002). Plusieurs stimuli intracellulaires et extracellulaires induisent la stabilisation et l'activation de p53 par différents mécanismes. Les cassures de l'ADN dues aux radiations γ et aux ultraviolets ainsi que les molécules chimio-thérapeutiques stabilisent et activent p53 par une modification covalente impliquant la phosphorylation de son domaine de trans-activation mais aussi par la phosphorylation et l'acétylation de son domaine C-terminal (Giaccia et al., 1998). Les souris déficientes pour PML sont résistantes aux effets létaux des radiations γ. Cette observation indique l'implication de PML dans la réponse cellulaire aux dommages causés à l'ADN par ces radiations (Wang et al., 1998). Le gène suppresseur de tumeur p53 joue un rôle clé dans ce processus. Les thymocytes déficientes pour p53 sont complètement résistantes à l'apoptose induite par les radiations γ. Par contre, les thymocytes déficientes en PML sont moins résistantes à l'apoptose induite par les radiations γ que les thymocytes déficientes pour p53 (Guo et al., 2000). Par ailleurs, cette résistance à l'apoptose dans les thymocytes déficientes pour PML coïncide avec l'induction de gènes cibles de p53 comme le facteur pro-apoptotique Bax et l'inhibiteur du cycle cellulaire p21 (Guo et al., 2000). PML interagit directement avec p53 et la recrute sur les corps nucléaires PML ent agit comme co-activateur de la transcription sur les gènes cibles de p53. En absence d'irradiation γ, p53 est activé par plusieurs mécanismes dont l'acétylation (Gu and Roeder, 1997). L'acétylation de p53 initie sa capacité à se lier à l'ADN et sa fonction transcriptionnelle. Dans les cellules déficientes pour PML, l'induction de l'acétylation de p53 suite au radiations γ se trouve substantiellement affectée, ce qui suggère une régulation de la fonction transcriptionnelle de p53 par PML en favorisant son acétylation (Guo et al., 2000). Bien que PML ne possède pas une activité acétyl-transférase, celle-ci interagit directement avec CBP et p53 sur les corps nucléaires PML (Guo et al., 2000 ; Pearson et al., 2000). Encore plus intéressant, le mutant PML pour le Ring qui ne localise pas sur les corps nucléaires PML, mais capable de se lier à p53 et CBP est incapable de co-activer la transcription médiée par p53 (Guo et al., 2000). D'autre part, un seul isoforme de PML, l'isoforme IV présent sur les corps nucléaires PML est capable de réguler la transcription de p53 (Fogal et al., 2000 ; Guo et al., 2000). Ces données suggèrent une régulation de l'activité de p53 à travers la présence de PML sur les corps nucléaires PML.

23

Cette régulation est également dépendante de l'isofome IV de PML. Récemment, deux données ont démontré une co-localisation d'HIPK-2 (homeodomain-interacting protein kinase-2) avec PML sur les corps nucléaires PML. HIPK2 interagit directement avec PML et phosphoryle p53 sur la sérine 46 induisant l'activation des fonctions transcriptionnelle et apoptotique de p53 (D'Orazi et al., 2002 ; Hofmann et al., 2002).

Apoptose Daxx dépendante

La protéine Daxx a été identifiée comme une molécule adaptatrice capable de se fixer sur le domaine DD (Death Domain) de Fas (Yang et al., 1997). Elle se trouve également dans le noyau, mais sa fonction nucléaire est inconnue. La protéine Daxx est une molécule pro-apoptotique en induisant l'apoptose Fas dépendante. Elle est aussi impliquée dans l'activation de JNK (c-Jun NH2-terminal Kinase) à travers son interaction avec ASK1 (Apoptosis Signal-regulating Kinase1) (Chang et al., 1998 ; Chang et al., 1999). L'activation d'ASK1 se traduit par une phosphorylation et l'activation de JNK. Cette activation permet la phosphorylation de c-Jun impliqué dans la régulation de la transcription de gènes apoptotiques éventuellement par l'activation de caspases. La protéine Daxx humaine se retrouve sur les corps nucléaires PML et interagit avec PML (Ishov et al., 1999 ; Zhong et al., 2000). Cette corrélation entre les deux protéines semble être indispensable à l'activité pro-apoptotique de PML dans les lymphocytes B (Zhong et al., 2000). Cette observation est confirmée dans les cellules déficientes pour PML où il est observé une abolition complète de la capacité de Daxx à potentialiser l'apoptose induite par Fas. Par ailleurs, il est important de signaler le rôle anti-apoptotique de Daxx chez la souris, où il a été observé une apoptose massive et une létalité embryonnaire chez les souris déficientes pour Daxx (Daxx -/-) (Michaelson et al., 1999). Cette observation va l'encontre de ce qui a été observé pour la protéine Daxx humaine. Il serait important de déterminer si l'activité pro-apoptotique de la protéine Daxx humaine est un artéfact dû à sa sur-expression ou s'il s'agit d'un rôle distinct et différent suivant son activité durant la période de développement embryonnaire ou à l'état adulte.

3/ Sénescence

L'oncogène RAS (RAS ^{val12}) induit la sénescence cellulaire par l'activation de plusieurs gènes suppresseurs de tumeurs parmi lesquels p53 et l'inhibiteur de la cycline kinase D (CDK) p16^{INK4a}. L'expression de PML est également augmentée par l'oncogène RAS entraînant une augmentation de la taille et du nombre des corps nucléaires PML (Ferbeyre et al., 2000 ; Pearson et al., 2000). Par ailleurs, RAS ^{val12} entraîne l'accumulation de p53 sur les corps nucléaires PML et induit son acétylation et l'activation de sa fonction transcriptionnelle

(Pearson et al., 2000). PML, CBP et p53 forment un complexe sur les corps nucléaires PML inductible par RAS in vivo (Pearson et al., 2000). L'étude des cellules déficientes pour PML a permis de remarquer l'implication de PML dans l'induction de la sénéscence. La transformation de ces cellules par RAS affecte drastiquement la sénéscence RAS dépendante. L'acétylation de p53 par RAS [val12] est profondément affectée dans les cellules PML déficientes, mais son induction par RAS [val12] n'est pas affectée (Pearson et al., 2000). Ces données suggèrent une induction de PML par RAS [val12] qui à son tour facilite l'acétylation et l'activation de la fonction transcriptionnelle de p53 entraînant l'augmentation de l'expression de p21 et par conséquent l'arrêt de la croissance cellulaire. Cette suggestion est confirmée dans les cellules déficientes pour PML où l'induction de p21 par p53 en réponse à RAS [val12] est également affectée (Pearson et al., 2000). Récemment, il a été rapporté une induction de la sénéscence p53 dépendante par l'isoforme PML IV. Ce processus ne semble pas nécessiter la présence des corps nucléaires PML (Bischof et al., 2002). Cette induction de la sénéscence semble être différente de celle induite par l'oncogène Ras.

4/ Régulation de la transcription

Le rôle de PML dans la transcription cellulaire n'est pas bien clair. PML n'est pas capable de se fixer sur l'ADN directement, néanmoins, plusieurs observations ont montré son implication dans différents processus transcriptionnels. L'inactivation de PML se manifeste par une inhibition de la différenciation myéloïde due à une inhibition de l'activation transcriptionnelle dépendante de l'acide rétinoïque. Ces résultats sont confirmés par l'analyse des souris PML déficientes. Les interactions de PML avec d'autres facteurs transcriptionnels a également permis de confirmer ce rôle. L'interaction de PML avec CBP et/ou TIF1α ou bien par sa participation au complexe TRAP semble déterminer son rôle transcriptionnel comme co-activateur du complexe de transcription RARα-RXRα (Zhong et al. 1999 ; Doucas et al., 1999). Son activité répressive de la transcription est observée par la séquestration de Sp1, facteur nécessaire à la trans-activation du promoteur du récepteur de EGF (Vallian et al., 1998). Un autre exemple de répression transcriptionnelle de PML est son interaction directe avec l'histone deacétylase (HDAC) (Wu et al., 2001). Les enzymes HDAC humaines au nombre de trois sont impliquées dans la répression transcriptionnelle des gènes cibles par méthylation des ilots CpG et la déacétylation des histones. La variabilité de leurs domaines N-terminal et C-terminal détermine la particularité de leur fonction. PML interagit avec les trois types d'HDAC (HDAC1, HDAC2 et HDAC3) et semble jouer un rôle médiateur dans la répression de la transcription. Cette répression est inhibée par trichostatin A, un inhibiteur spécifique de l'HDAC. Ce résultat est observé in vivo où l'histone H3 est déacétylé par expression de PML (W et al., 2001). Les auteurs suggèrent un rôle régulateur de PML dans l'activité de l'histone déacétylase notamment celui du remodelage de la chromatine et de l'expression génique.

F/ PML et réponse à l'interféron

1/ Induction de PML par les interférons

PML est caractérisée par la présence sur son promoteur d'une séquence ISRE - GAGAATCGAAACT- et d'une séquence GAS - TTTACCGTAAG- (Stadler et al., 1995) ce qui explique son induction par tous les types d'IFNs et l'augmentation de la taille et du nombre des corps nucléaires PML (Chelbi-Alix et al., 1996 ; Lavau et al., 1995). Ces deux séquences sont situées à 100 et 500 paires de base en aval du point de départ de la traduction dans le premier exon non traduit. La délétion de l'ISRE sur le promoteur de PML abolie la réponse à l'IFN de type I et diminue considérablement la réponse à l'IFNγ. Il faut souligner également l'altération modeste de la réponse à l'IFNγ suite à la délétion de la séquence GAS ce qui s'explique par l'induction indirecte de la séquence ISRE de PML par le facteur transcriptionnel IRF-1 (Stadler et al., 1995).

Fonction	Protéines interagissant avec PML	Isoformes	Références
Control de la croissance et suppression des tumeurs	p53	PML IV	Fogal et al., 2000
		PML IV	Guo et al., 2000
Régulation de la transcription	pRb	PML IV	Alcalay et al., 1998
	CBP	PML II	Zhong et al., 1999
		?	Doucas et al., 1999
Répression de la transcription	Sp1	?	Vallian et al., 1998a
	HDAC	PML IV	Wu et al., 2001
	Tas	PML III	Regad et al., 2001
Apoptose	Daxx	PML IV	Li et al., 2000
		?	Ishov et al., 1999
Control de la croissance cellulaire	AP-1	PML III	Vallian et al., 1998b
	Tif1α	PML II	Zhong et al., 1999
	RFP	PML VI	Cao et al., 1998
	PRH	PML VI	Topcu et al., 1999
	GATA-2	PML VI	Tsuzuki et al., 2000
Ubiquitination	Ubc-9	PML VI	Duprez et al., 1999
Unconnue	SUMO-1	PML VI	Boddy et al., 1996
	protéine Z (LCMV)	PML VI	Borden et al.,1998a
	IEI (HCMV)	PML VI	Ahn et al., 1998
	protéines ribosomales P	?	Borden et al., 1998b
	eIF-4E	?	Lai and Borden, 2000

D 'après Jensen et al., 2001

Tableau III. Différentes protéines interagissent avec les différents isoformes PML

2/ Protéines induites par l'interféron et recrutées sur les corps nucléaires PML

ISG20

ISG20 (interferon-stimulated gene product of 20) a été identifié et isolé pour la première fois, lors de traitements à l'IFNα/β de cellules lymphoblastoïdes (Cellules Daudi) où il a été observé une augmentation de son taux d'expression (Gongora et al, 1997). Sa région 5' proximale contient des motifs GAS (-TTCCAATAA-) et des motifs ISRE (-GAAACTGAAAC-) responsable de son induction par les IFN de type I et de type II (Gongora et al, 2000). ISG-20 co-localise avec PML sur les corps nucléaires, néanmoins ce résultat suscite des polémiques concernant l'utilisation d'une forme tronquée d'ISG20 et nécessite une confirmation par l'utilisation d'un anticorps spécifique dirigée contre cette protéine. Récemment, ISG20 a été classée dans la famille des 3'-5' exonuléases (Moser et al, 1997) comprenant les RNases (RNase T et D), les DNases (Exo I d'Escherichia Coli) et des polypeptides (Helicase du syndrome de Werner) (Moser et al, 1997 ; Joyce et al, 1994). Les membres de cette famille présentent des homologies au niveau de trois motifs éxonucléase appelés ExoI, ExoII et ExoIII (Moser et al, 1997). Une donnée récente montre qu'ISG20 possède une activité exonucléase en 3'- 5' avec une préférence pour l'ARN monobrin, Les auteurs suggèrent un rôle possible d'ISG20, analogue à celui de la RNase L, mais cette hypothèse reste à démontrer (Nguyen et al, 2001).

Sp100

La protéine Sp100 a été identifiée pour la première fois chez des patients atteints d'une maladie auto-immune appelée Cirrhose biliaire primaire. Elle représente le premier composant des corps nucléaires identifié (Szostecki et al., 1987, 1990). L'utilisation d'un sérum auto-immun a permis d'isoler et d'identifier un nouveau composant du noyau cellulaire ; la protéine Sp100 (Bernstein et al., 1984 ; Powell et al., 1984 ; Szostecki et al., 1987). Par immunofluorescence indirecte, cet auto-antigène a été localisé sur des structures pointillées nucléaires différentes des autres structures nucléaires dans les cellules en culture et les tissus provenant de ces patients (Szostecki et al., 1987 ; Xie et al., 1993). L'ADN complémentaire codant pour Sp100 a été cloné donnant naissance à un produit présentant des similarités séquentielles avec plusieurs protéines régulatrices de la transcription (Xie et al., 1993). Une induction de Sp100 est observée suite au traitement par les interférons (Guldner et al., 1992). L'expression transitoire de différentes séquences appartenant au promoteur de Sp100 a permis d'identifier un ISRE imparfait -ACTTTCACTTCTCT- permettant une réponse au IFNα/β et un motif GAS -TTCCAGGAA- pour la réponse à l'IFNγ (Grötzinger et al., 1996). Le rôle de Sp100 dans la réponse aux interférons reste à déterminer.

Sp140

Sp140 est une autre protéine associée aux corps nucléaires PML. Elle a été caractérisée par l'utilisation de sérum provenant de patients atteints de Cirrhose biliaire primaire. Cette approche a permis l'identification d'un ADN complémentaire codant pour une protéine de 140 kd. Des taux très élevés d'ARNm Sp140 ont été observés dans la rate et dans les leucocytes périphériques humains. D'autre part, l'expression de Sp140 dans la lignée cellulaire HL60 est très marquée lors de la différentiation cellulaire, elle l'est aussi lors du traitement des cellules NB4 après traitement de celle-ci par l'acide rétinoïque ce qui suggère un rôle possible de Sp140 dans la différentiation des cellules précurseurs myéloïdes (Bloch et al., 1999). L'expression de Sp140 est augmentée suite au traitement par l'IFNγ. Plus d'expériences seraient nécessaires pour déterminer permettrant le ou les motif(s) responsable(s) de la réponse à l'IFNγ.

Sp110

La protéine Sp110 a été identifiée en étudiant une séquence nucléotidique issue d'une base de données EST et codant pour un polypeptide possédant une homologie avec les portions N-terminale de Sp100 et Sp140. Ce nucléotide a été utilisé pour cribler une librairie ADNc préparée à partir de tissu provenant d'une rate humaine (Bloch et al., 2000). L'étude prédictive de la séquence en acide aminé de Sp110 et sa comparaison avec la séquence de Sp100 et Sp140 a permis de d'identifier plusieurs homologies entre les trois protéines (Bloch et al., 2000). La portion N-terminale de Sp110 est identique à 49% à celle de Sp100 (Szostecki et al., 1990) et à 49% à celle de Sp140 (Bloch et al., 1996), ce domaine est appelé « domaine Sp100-like ». D'autres homologies entre Sp110 et Sp100 et entre Sp110 et Sp140 ont également été identifiées. Elles sont de l'ordre de 53% (Dent et al., 1996) et de 49% respectivement. Il s'agit du domaine SAND (Gibson et al., 1998). Des homologies communes cette fois-ci seulement entre Sp110 et Sp140 au niveau C-terminal sont le domaine appelé Bromodomaine et le domaine PHD (Plant Homeobox Domain). Il est à noter que ces deux derniers domaines de Sp110 présentent des homologies avec ceux du facteur nucléaire TIF1α (transcription intermediary factor). Une séquence putative de localisation nucléaire est présente entre les acides aminés 288 et 306 (Silver et al., 1991) et un motif d'interaction LXXLL de type hormone-recepteur est également présent entre les acides aminés 525 et 529 (Le Douarin et al., 1995). La fonction de Sp110 n'a pas été identifiée, mais il semblerait qu'elle possède une fonction activatrice de la transcription (Bloch et al., 2000). Il serait également intéressant, d'isoler le motif responsable de sa réponse aux IFNs puisque son expression est augmentée lors du traitement par les IFNs et de mieux identifier sa fonction.

PA28

Appelé également 11S régulateur est une molécule composée de deux sous-unités homologues α et β activatrice du protéasome et nécessaire à la présentation de certaines molécules antigéniques du complexe majeur d'histocompatibilité de type I (Rechsteiner et al., 2000). Le traitement par l'IFNγ augmente sensiblement le taux protéique et ARN messagers PA28α et PA28β (Tanahashi et al., 1997). Les mécanismes régulant la localisation de PA28 sur les corps nucléaires PML et sa fonction d'assemblage ou d'activation du protéasome lors de la réponse à l'IFNγ sont mal connus et restent à élucider.

3/ Inhibition de la réplication virale

PML induit une résistance contre le VSV (rhabdovirus) et le virus de l'influenza (Orthomyxovirus) (Chelbi-Alix et al., 1998). La transcription et la synthèse protéique des deux virus sont inhibées. Cette inhibition est dépendante du taux d'expression de PML et de la multiplicité d'infection. L'utilisation de différents mutants de PML pour les domaines du Ring, du coiled-coil et de l'extrémité C-terminale ont permis d'identifier le domaine responsable de cet effet antiviral de PML. Cette approche place le domaine coiled-coil comme étant le domaine essentiel pour cette activité. D'une part, ce domaine pourrait recruter un facteur nécessaire à la réplication virale du VSV et de l'influenza et d'autre part, l'activité antivirale PML contre ces deux virus n'apparaît pas nécessiter une localisation de PML sur les corps nucléaires. Récemment, le pouvoir antiviral de PML contre le VSV est confirmé par l'étude des souris PML déficientes infectées par ce virus (Bonilla et al., 2002). Ces souris sont 10 fois plus susceptibles à l'infection par le VSV que les souris PML sauvages.

III/ Stratégies virales d'inactivation de la réponse à l'interféron

A/ Inhibition de la biosynthèse IFNs

Le virus de la vaccine et d'autres orthomyxovirus expriment un récepteur soluble de l'IFNα, le B18R apparenté à l'interleukine-1 de la famille des cytokines de classe II (Symons et al., 1995). Ce récepteur leurre est capable de lier les IFN α de type I et ainsi prévenir l'induction de la réponse IFNα dépendante. La même stratégie est observée pour l'IFNγ où le virus de la vaccine, le cowpox et le camelpox produisent un récepteur leurre soluble pour l'IFNγ (Alcami et al., 1995).

B/ Inhibition des voies de signalisation des IFNs

1/ Virus à ADN

Les virus à ADN sont les plus fréquemment rencontrés dans les études concernant les stratégies virales d'inactivation de la réponse à l'interféron. Leurs actions s'éxercent à tous les niveaux de la signalisation et concernent toutes les protéines nécessaires à la transduction du signal des interférons. La protéine E6 de l'HPV-18 (Human Papailloma Virus-18), connue pour son activité transformante, agit sur la phosphoprotéine Tyk2 en induisant la diminution de sa phosphorylation par une interaction directe d'E6 avec le domaine de liaison de Tyk2 nécessaire à sa fixation sur IFNAR1 (Li et al, 1999). Une autre protéine virale du HPV-18, la protéine E7 co-responsable avec la protéine E6 de l'immortalisation des kératinocytes a également été décrite comme inhibant la réponse à l'IFNα mais non celle de l'IFNγ. Cette inhibition interfèrerait avec la translocation d'IRF-9 un des composant du complexe ISGF3 vers le noyau. Une interaction entre ces deux protéines a été déterminée et qui pourrait être responsable de la séquestration d'IRF-9 dans le cytoplasme (Barnard et al, 1999).

La protéine MT (Middle T antigene) du MpyV (Murine Polyoma Virus) exprimée à un taux élevé lors de l'infection entraînerait la séquestration de Jak1 et l'inhibition de la réponse aux IFNs. Cette inhibition pourrât s'excercer par l'induction d'inhibiteurs de Jak1 (Weihua et al, 1998). Le cytomegalovirus humain (HCMV) agit sur la voie Jak-STAT en maintenant le niveau de Jak-1 à un niveau basal inférieure un son taux qui augmenterait lors de l'induction par L'IFNγ (Miller et al, 1998). Une inhibition de la réponse à l'IFNα a également été décrite (Miller et al, 1999) par une diminution de l'expression de Jak1 et d'IRF9. L'onco-protéine E1A de l'adénovirus possédé deux régions capables de concurrencer avec les régulateurs du cycle cellulaire en se fixant sur des protéines anti-oncogènes (Rb) ou des co-activateurs transcriptionnels (p300) (Whyte et al, 1989). Cette protéine a aussi été décrite comme inhibant la réponse à l'IFNγ, nécessaire à la réponse immunitaire par une interaction directe avec STAT1. Cette interaction se ferait par le domaine N-terminal d'E1A et l'extrémité C-terminal de STAT1 concurrençant le co-activateur CBP et bloquant l'expression des gènes STAT dépendante (Bhattacharya et al, 1996 ; Zhang et al, 1996 ; Horvai et al, 1997 ; Look et al, 1998). vIRF1 un produit du HHV-8 (Human Herpes Virus 8) est un homologue virale de l'IRF-1 cellulaire (IFN Regulatory Factor-1) (Russo et al, 1996 ; Moore et al, 1996) dont l'extrémité N-terminale est à 70 % homologue à celle du facteur de transcription IRF-1. Dans cette région, se trouve le domaine de liaison à l'ADN qui permet une régulation positive de la réponse IFN, or la co-expression in vitro de vIRF1 et d'IRF-1 n'altère en aucun cas la fixation

30

d'IRF-1 sur son promoteur IBS (IRF Binding sequence) et les deux facteurs n'interagissent pas par co-immunoprécipitation. Les auteurs émettent l'hypothèse selon laquelle vIRF1 agirait au niveau des modifications post-traductionnelles d'IRF-1 (Zimring et al, 1998). Le blocage de la réponse aux IFN de type I et de type II ainsi que celle d'IRF-1 reste à élucider. Enfin, EBNA2 un produit du virus d'Epstein-Barr (EBV) est capable de se fixer sur l'ADN par l'intermédiaire du facteur cellulaire RBP-JK (voie Notch) semble inhiber la fixation du complexe transcriptionnel ISGF-3. Le mécanisme impliquant EBNA2 et par lequel elle agit n'a pas été élucidé (Kanda et al, 1992).

2/ Virus à ARN

Les virus à ARN prennent également part dans ces mécanismes d'inactivation de la réponse aux IFNs. La protéine V du SV5 (Simian Virus 5), nécéssaire à la réplication et à la pathogénèse du virus Sendai (SeV) (Delenda et al, 1997 ; Kato et al, 1997) agirait en bloquant la réponse au IFNs de type I et de type II par ciblage de STAT1 vers le protéasome et sa dégradation. Les complexes ISGF3 (IFN Stimulated Gene Factor) et GAF (Gas Activated Factor) ne sont plus capables de se former en absence de STAT1 (Didcock et al, 1999a ; Didcock et al, 1999b). La voie Jak-STAT est également la cible du virus HCV (Hepatitis C Virus) qui semble par ce moyen prévenir l'induction d'un certain nombre de protéines antivirales (PKR, Mx, 2'-5'oligoadénylate synthétase et la RNase L) (Sen et al, 1992). L'inhibition du signal de transduction se ferait par une inhibition de la phosphorylation des STATs dans des lignées cellulaires d'ostéosarcome exprimant de façon stable les protéines virales du HCV, mais la ou les protéines virales impliquées n'ont pas été identifiées (Heim et al, 1999). Les protéines C du Sendai virus (SeV) semblent être impliquées dans l'inhibition de Tyk2 et de STAT-1. Les virus SeV difficients pour le gène C sont incapables de prévenir un état antiviral IFNα/β dépendant (Gotoh et al, 1999 ; Komatsu et al, 2000 ; Garcin et al, 1999).

C/ Inhibition de l'induction des protéines ou enzymes nécessaires aux activités antivirales des IFNs. (Tableau IV)

1/ Inactivation de la PKR

a-Virus à ADN

Le virus de la vaccine pour survivre à la réponse antivirale des IFNs a développé des mécanismes afin d'inhiber la production des IFNs et l'inactivation de l'activité antivirale de certaines protéines induites par les IFNs parmi lesquels la PKR. Les protéines responsables de l'inactivation de la PKR sont exprimées précocement durant la transcription virale, il s'agit des protéines virales E3L et K3L (Carroll et al., 1993 ; Davies et al., 1992, 1993). Le gène

E3L code pour un polypeptide de 190AA appartenant à la même famille de protéines que la PKR, capables de fixer l'ARN double brin (Chang et al., 1993 ; Jacobs and Langland,1996). Cette protéine par son extrémité carboxy-terminale (Acides aminés de 118-186) séquestre l'ARN double brin et inhibe l'activité de la PKR par une diminution de son activation et donc de la phosphorylation du facteur de traduction eIF2α (Akkaraju et al., 1989; Chang and Jacobs, 1993 ; Jagus and Gray, 1994 ; Ho and Shuman, 1996). Des interactions entre E3L et les domaines N-terminal (domaine régulateur) et C-terminal (domaine catalytique) de la PKR ont été rapportées, la première serait favorisée par l'ARN double brin tandis que la deuxième ne l'est pas. L'interaction entre E3L et le domaine C-terminale de la PKR masque le domaine de liaison à eIF-2 et préviendrait l'activation de la PKR (Sharp et al., 1998). En ce qui concerne la protéine virale K3L autre protéine produite précocement, un virus portant une délétion du gène K3L diminue son habilité à croître dans les cellules traitées à l'IFN (Beattie et al., 1991). Cette protéine de 88AA possédant 28% d'identité et 72% de similarité avec le facteur de traduction eIF2α (Beattie et al., 1991 ; Goebel et al., 1990) semble être capable de prévenir la phosphorylation de eIF2α par la PKR. Le mécanisme par lequel K3L agit n'a pas été décrit néanmoins une interaction entre K3L et la PKR peut être à l'origine de cet effet (Caroll et al., 1993).

Dans les cellules infectées par le HSV-1 la PKR est activée entraînant la phosphorylation du facteur de traduction eIF-2α et l'inhibition de la synthèse protéique cellulaire et virale. Pour contourner cette stratégie de défense, le HSV-1 emploie deux types de moyen : le premier par l'intermédiaire de la protéine virale γ₁34.5 et le deuxième par le biais de la protéine virale U_S11. La protéine $\gamma_1$34.5 consiste en 263 aa avec un domaine amino-terminal contenant une région de trois acides aminés répétés (AlaThrPro) et un domaine carboxy-terminal. L'infection de cellules humaines avec le virus sauvage a démontré une interaction de $\gamma_1$34.5 avec la protéine phosphatase 1 (PP1) formant un complexe permettant la déphosphorylation d'eIF-2α et ainsi prévenir l'inhibition de la synthèse protéique médiée par la PKR (He et al., 1997 ; Cassady et al., 1998 ; Cheng et al., 2001). La protéine U_S11 est une protéine de 21kd capable de fixer l'ARN avec une localisation nucléolaire, ou associée aux polysomes dans les cellules infectées. La fixation d'U_S11 aux ARN et aux ribosomes nécessite les 68 aa de sa région carboxy-terminale. L'expression in vitro des 68 aa d' U_S11 est suffisante pour bloquer l'activité de la PKR, néanmoins la fixation d'U_S11 aux ARNs et aux ribosomes est nécessaire pour contrecarrer l'activité antivirale de la PKR (Cassady et al., 1998 ; Mulvey et al., 1999 ; Poppers et al., 2000).

Quelques virus sont capables de produire de petites molécules d'ARN inhibant la PKR. Un exemple de ce type d'action anti-PKR est l'EBV avec ces ARNs EBER1 et EBER2. Les molécules EBER1 et EBER2 sont des petits ARNs non polyadénylés et fortement structurés. Les essais in vitro dans des lysats de réticulocytes ont démontré une protection de la synthèse protéique par EBER1. Cette protection semble être dû à l'action compétitive d'EBER1 qui interagirait avec la PKR en empêchant son activation par les ARN doubles brins nécessaires à l'activation de la PKR (Clarke et al., 1990, 1991). EBER2 semble aussi avoir le même mécanisme d'action qu'EBER1 (Sharp et al., 1993). Cette inactivation de l'effet antivirale par les deux ARN d'EBV protégerait ce dernier contre la réponse à l'IFN durant les phases précoces et lors de la latence virale. C'est le cas également de VAI pour les adénovirus. VAI est une petite molécule d'ARN (160 nucléotides) capable de former une structure secondaire lui permettant de se fixer sur le domaine de fixation des ARN doubles brins de la PKR. Cette fixation inhibe l'activation de la PKR par les ARNs doubles brin en agissant comme inhibiteur compétitive de ces ARNs (Robertson and Mathews, 1996 ; Mathews,1995).

b-Virus à ARN

La protéine Tat du HIV-1 (Human Immunodeficiency Virus tupe1) est capable d'interagir avec une multitude de facteurs cellulaires (ATPase, ADN hélicase, TFIID, Sp1) (Nelbock et al., 1990 ; Desai et al.,1991 ; Kashanchi et al., 1994 ; Jeang et al., 1993). Plusieurs groupes de recherche ont essayé d'étudier les mécanismes permettant au HIV-1 d'échapper à la réponse antivirale de l'IFN. Une interaction entre la PKR et l'ARN TAR a été observée, elle serait responsable de l'inactivation de la PKR en inhibant son activation par les ARNs doubles brins. Cette inhibition fait intervenir un complexe TAR-TRBF formé par la fixation du facteur cellulaire TRBF (HIV-1TAR RNA-binding protein) sur l'ARN TAR empêchant l'activation de la PKR par auto-phosphorylation (Gatignol et al., 1991., Samuel.,1991 ; Gunnery et al., 1990 ; Park et al., 1994 ; Benkirane et al., 1997). Une autre stratégie employée par HIV-1 mais néanmoins non bien démontrée est le fait d'une interaction entre Tat et la PKR empêchant la phosphorylation d'elF2α. Cette interaction entraînerait une phosphorylation préférentielle et compétitive de Tat par rapport à celle d'elF2α (McMillan et al., 1995 ; Brand et al., 1997 ; Cai et al., 2000). Le virus de l'influenza a également développé plusieurs stratégies pour contrecarrer la réponse antivirale des IFNs notamment par le recrutement d'une protéine cellulaire la P58IPK qui inhibe la fixation de la PKR sur la kinase (Gale et al., 1998 ; Melville et al., 1997 ; Melville et al., 1999). La protéine NS1 est une phosphoprotéine virale non structurale présente sous différentes formes dans le noyau, le nucléole et le cytoplasme. Elle se manifeste par une inhibition de la machinerie d'épissage en entraînant la rétention dans le noyau des ARN pré-messagés non épissés. Autre action de la NS1 est l'inhibition de l'activation de la PKR par l'ARN double brin qui serait séquestré par cette protéine virale (Lu et al., 1995) mais une interaction entre la PKR et la NS1 n'est pas a écarter mais sujet à controverse (Falcon et al., 1999). L'action de la NS1 sur la PKR reste néanmoins réelle. L'infection par un virus délété pour la NS1 de cellules hôtes démontre une phosphorylation plus importante de la PKR par rapport à ce qui est observé en utilisant un virus sauvage (Bergmann et al., 2000).

Les réovirus ont aussi développé une stratégie lui permettant de contourner l'activité anti-virale de la PKR. Cette stratégie semble employer la protéine σ3, un des composants majeurs de la capside externe (Metcalf et al., 1991 ; Nibert et al., 1996). Elle est composée de deux domaines fonctionnels ; un domaine amino-terminal comportant un motif doigt de Zinc et un domaine C-terminal possédant une affinité pour les ARNs doubles brins (Schiff et al., 1988 ; Miller et Samuel., 1992 ; Wang et al., 1996). Cette affinité serait à l'origine de la résistance aux IFNs, observée chez les réovirus. Une séquestration des ARNs doubles brins par σ3 pourrait expliquer la diminution de l'activation de la PKR durant l'infection et par conséquent une résistance aux IFNs (Giantini and Shatkin, 1989 ; Llyod and Shatkin, 1992 ; Mabrouk et al., 1995 ;Yue et al., 1997 ; Bergeron et al., 1998).

Le HCV (Hepatitis C Virus) à travers l'expression de sa protéine NS5A échappe à l'action anti-virale de la PKR. La protéine NS5A interagit avec la PKR in vivo et l'inactive en bloquant la phosphorylation du facteur de traduction elF2α. L'expression de mutants de NS5A abolie cette résistance. Ces mutations dans le domaine de fixation de la PKR sur la protéine NS5A et plus précisément dans la région ISDR (IFN-PKR-binding domain) préviennent l'effet répressif de la NS5A sur l'activité catalytique de la PKR (Chayama et al., 1997 ; Enomoto et al., 1995 ; Kurosaki et al., 1997 ; Gale et al., 1999). Une autre protéine du HCV semble également inhiber la protéine kinase PKR. La protéine E2 est une protéine de l'enveloppe externe du HCV. Elle contient une séquence de 12 aa similaire au site de phosphorylation de la PKR (Clemens et al., 1997) et à celui de elF2α cible de la phosphorylation par la PKR. Cette région semble être impliquée dans l'interaction entre la protéine virale E2 et la PKR. Cette interaction serait à l'origine d'une inhibition de l'activité de la PKR (Taylor et al., 1999). L'inhibition de la PKR par les deux protéines virales NS5A et E2 semblent être à l'origine dans la majorité des cas, de l'effet persistant de l'infection au HCV.

Enfin, le poliovirus entraîne la dégradation de la PKR. Cette dégradation lui permet de déjouer une inhibition de la traduction médiée par la PKR en phosphorylant le facteur de traduction eIF2α nécessaire à sa propre traduction. Le mécanisme de cette dégradation n'a pas été déterminé. Une implication des protéases 2A ou 3C a été suggérée mais non démontrée. Cette suggestion se base sur la présence en extrémité amino-terminale de la PKR d'un domaine sensible aux protéases, hors aucune bande de clivage par une des protéases virales n'a été observé. Ce qui est encore plus impressionnant est le fait qu'il est inhibition de cette dégradation par l'addition d'ARNs doubles brins. Il est possible que l'ARN double brin capable de se lier en extrémité amino-terminale entraînerait un changement dans la structure de la PKR et empêcherait sa dégradation par l'une des deux protéases virales (Black et al., 1993).

2/ Inactivation de la 2'-5' oligoadenylate synthétase/ RNase L

La 2'-5' oligoadenylate synthétase/ RNase L est une voie majeur de la réponse antivirale et antiproliférative des IFNs. La RNase L est activée par une série d'oligomères les 2-5A et à des concentrations nanomolaire. Cette activation entraîne le clivage des ARNm cellulaires et viraux et par conséquent l'inhibition de la synthèse protéique. L'activation de ce système se fait de la même façon que celle de la PKR, c'est-à-dire par les ARNs doubles brins. Plusieurs virus capables d'inhiber la PKR semblent aussi avoir le pouvoir d'inhiber le système 2'-5' oligoadenylate synthétase/RNase L. La protéine E3L de la vaccine par exemple, inhibe à la fois les deux (Rivas et al., 1998). Par contre d'autres virus produisant des ARNs (HIV-TAR, VAI de l'adénovirus, EBER1 et EBER2 de l'EBV) apparaissent comme activant la 2'-5' oligoadenylate synthétase/RNase L. Un autre virus semble utiliser une autre voie pour inactiver ce système. L'EMCV (Virus de l'encéphalomyocardite virale) et le HIV-1 sont capables d'induire un inhibiteur de la RNase L appelée RLI (RNase L inhibitor). L'activation de la RLI entraîne une diminution du taux cellulaire de la RNase L par un effet antagoniste de la fixation de la 2'-5'A sur la RNaseL (Martinand et al., 1998, 1999). Enfin, le HSV-1 et le HSV-2 inhibent l'activation de la la RNase L par induction de la synthèse de dérivées 2'-5'A qui antagonistent la 2'-5'A (Cayley et al., 1984).

3/ Altérations des corps nucléaires PML lors des infections virales

Plusieurs virus altèrent les corps nucléaires PML en ciblant directement PML, sa modification par sumo ou bien l'organisation même des corps nucléaires (Figure 5 et Tableau V) :

a-Virus à ADN

- Les Herpèsvirus

HSV-1 (Herpes Simplex Virus type1)

Le HSV-1 est un virus de la famille des herpesvirus. C'est une des familles de virus qui a été le plus étudiée à cause de leurs propriétés biologiques. Ces virus latents possèdent la capacité de causer plusieurs infections variées après réactivation durant la vie de l'hôte. Le HSV-1 est un virus à ADN double brin linéaire se répliquant dans le noyau par utilisation de l'appareillage transcriptionnel de l'hôte et de tous les processus cellulaires nécessaires à l'épissage et le transport de leurs ARN messagers. Les virions sont caractérisés par la présence de quatre éléments : un corps opaque central, une capside icosa-delta-hédrique entourant le corps opaque, un tégument entourant la capside et une enveloppe externe exhibant des spicules à la surface. Le génome du HSV-1 est constitué de deux éléments liés de façon covalente et désigné sous le nom de L (Large) et S (Small). Chaque élément est une séquence limitée des deux côtés par des séquences répétées et organisés en plusieurs groupes gènes (α, β, γ). Après l'infection virale, la transcription, la réplication et l'assemblage des nouvelles capsides se tiennent dans le noyau. La transcription de l'ADN viral s'effectue par détournement de l'ARN polymérase II de l'hôte. La majorité des produits issus de cette transcription sont des enzymes et des facteurs de fixation à l'ADN, impliqués dans la réplication de l'ADN viral. La synthèse des protéines virales est étroitement régulée. Elle se déroule par cascades coordonnées d'expression de différents gènes. Ils sont au nombre de cinq groupes de gènes classés selon leur rôle dans la régulation de la transcription et la post-traduction virale. Après attachement, la transcription virale tient place dans le noyau. Les premiers gènes à s'exprimer sont les gènes α ensuite les autres groupes de gènes (β et γ). ICP0 ou Vmw110 est le produit du gène α0 du groupe des gènes α dont l'expression des différentes protéines (ICP0, ICP4, ICP22, ICP27 et ICP47) est requise pour la régulation de la synthèse des différentes poly-protéines des autres groupes. En l'absence de ICP0, l'expression des gènes β et γ la réplication virale sont retardées. Il semblerait que cette protéine maintient l'équilibre entre le cycle lytique et l'état de latence ou quiescence. Lors de l'infection virale, les génomes HSV-1 sont retrouvés en périphérie des corps nucléaires PML et leur réplication apparaît s'initier à partir de ces structures (Maul et al., 1996). Par ailleurs, la protéine Virale ICP0 migre vers les corps nucléaires PML et induit leur altération par une dégradation de PML et de Sp100 par un processus dépendant du protéasome (Chelbi-Alix and de Thé, 1999 ; Everett et al., 1998 ; Parkinson and Everett, 2000). ICP0 est également responsable de l'inhibition de la modification de PML par Sumo (Muller and Dejean, 1999). D'autres travaux seraient nécessaires afin d'apporter des explications biologiques permettant de comprendre l'implication des corps nucléaires PML dans la réplication du HSV-1.

EBV (Epstein-Bar Virus)

Le virus d'Epstein-Barr est l'un des virus les plus étudié de la sous-famille des herpesvirus γ. C'est un virus du genre lymphocryptovirus. Comme tous les autres herpèsvirus, il présente une structure virale avec un corps opaque central, une capside icosa-delta-hédrique entourant le corps opaque, un tégument entourant la capside et une enveloppe externe exhibant des spicules à la surface. Le génome est un ADN double brin linéaire très riche en guanine et en cytosine similaire à celui des autres herpesvirus mais différent par la présence de séquences répétitives parfaites ou imparfaites codant pour des domaines répétitifs au sein des différentes protéines exprimées. Il présente deux séquences uniques large (UL) et petite (US) permettant l'expression des gènes suivant les différentes phases de l'infection. La réplication virale peut se dérouler en deux phases : une phase lytique lors de la réactivation par exemple ou une phase de latence dans les lymphocytes B. L'EBV pénètre l'organisme par infection des voies orales pour enfin s'établir de façon permanente en latence dans les lymphocytes B après leur immortalisation. La transformation suit un processus associé à une expression ordonnée de gènes et suivant un schéma de trois phases de latence (I, II, III). Cette expression est minimale en phase de latence I par l'expression d'EBNA1, seule protéine détectée à cette étape. En phase de latence III, ils atteignent le nombre de neuf protéines exprimées (EBNA 1 à EBNA6, LMP1, LMP2A). L'expression de la protéine EBNA5 est très élevée pendant les premiers jours de l'infection. Elle est essentielle au processus d'immortalisation et présente une localisation nucléoplasmique homogène dans les cellules fraîchement infectées. Plusieurs jours après l'infection, elle se distingue par sa présence sur des structures nucléaires spécifiques (Foci) avec la diminution et la disparition de sa distribution nucléaire diffuse. Ces structures contiennent aussi la protéine Rb (Jiang et al., 1991). Il est intéressant de signaler une augmentation de l'expression des protéines p53 et Rb lors de la sur-expression d'EBNA5 (Szekely et al., 1993). Il a été rapporté que ces structures co-localisent avec les corps nucléaires PML en formant des agrégations de corps nucléaires (Szekely et al., 1996). En microscopie électronique, PML est localisée à la périphérie de ces structures, EBNA5 au centre. Étudier le lien entre EBNA5, PML, Rb et p53 pourrait apporter des réponses sur les interactions cellules-virus, d'autant plus, que p53 et Rb se retrouvent sur les corps nucléaires PML. Une autre protéine de l'EBV est capable d'altérer les corps nucléaires PML, il s'agit de la protéine BZLF1 (Zta). C'est une protéine nécessaire à la réactivation virale durant la phase de latence. L'altération des corps nucléaires PML ne se fait que si BZLF1 est sur-exprimée (Bell et al., 2000 ; Adamson and Kenny, 2001).

HCMV (Human cytomegalovirus)

Un autre herpesvirus, le HCMV membre du sous-groupe des cytomegalovirus (β-herpesvirus) est également impliqué dans l'altération des corps nucléaires PML durant les étapes précoces de l'infection. C'est un virus responsable d'effets cytologiques par l'induction d'inclusions cytoplasmiques et nucléaires durant l'infection. Il possède aussi la capacité d'établir une persistance et une latence chez les sujets infectés. Son génome est plus proche de celui des γ-herpesvirus par la présence des séquences répétitives dans le génome et au niveau de la jonction entre la séquence unique L et S.

Virus	Cibles	Mécanisme d'action	Références
Adénovirus	P48 Stat1 PKR	E1A réduit le taux de p48 E1A intéragit avec Stat1 Inactivation par VAI RNA	Leonard et al., 1997 Look et al., 1998 Sharp et al., 1993
HCMV	Jak1, p48	Réduction du taux de Jak1 and p48	Miller et al., 1998, 1999
HSV-1	PKR RNase L	Us11 inhibe l'activation de la PKR ICP34.5 déphosphoryle eIF2α Inactivation des analogues 2'- 5'A	Poppers et al., 2000 Cheng et al., 2001 Cayley et al., 1984
HHV-8	IRF-1 PKR	L'homologue viral IRF bloque la réponse transcriptionnelle des IFN α, β, γ vIRF-2 interagit avec la PKR	Zemring et al., 1998 Buryseck et al., 1999 Buryseck et al.,2001
HPV 16, 18 HPV 18	IRF-9 Tyk2	E7 se fixe surt IRF-9 et bloque la Signalisation de l'IFN α/β E6 s'associe à Tyk2 et inhibe la voie Jak-Stat	Barnard et al., 1999 Li et al., 1999
HCV	PKR PKR	NS5 se fixe à la PKR et inhibe son activité E2 inhibe l'activité de la PKR	Gale et al., 1999 Taylor et al., 1999
Virus de la vaccine	PKR	E3L se fixe sur la PKR	Sharp et al., 1998 Sharp et al., 1997
Poliovirus	PKR	Induit la dégradation de la PKR	Black et al., 1989
Réovirus	PKR	Sigma 3 inhibe l'activation de la PKR	Imani et al., 1988
Virus de l'influenza	PKR PKR	NS1 inhibe l'activation de la PKR Induction de l'inhibiteur cellulaire p58	Bergmann et al., 2000 Melville et al., 1999
HIV-1	PKR RNase L	Inactivation de la PKR par Tat Induction de l' inhibiteur de laRNase L	Gunnery et al., 1990 Martinand et al., 1999

Tableau IV. Inactivation des actions de l'IFN par les virus

La régulation de l'expression génique durant les étapes précoces de l'infection est assuré par les protéines IE1 et IE2. Ces deux protéines sont capables de réguler positivement et négativement l'expression des différents groupes de gènes par la trans-activation de leurs promoteurs. Quelques heures après l'infection, IE1, IE2, l'ADN viral et les différents sites de transcription virale co-localisent dans le noyau avec les corps nucléaires PML (Ahn et al., 1998). Cette co-localisation est transitoire, IE1 est ensuite re-localisé sous une forme diffuse dans le noyau. Il est possible que IE1 nécessite la présence des corps nucléaires PML à proximité pour potentialiser son activité transcriptionnelle et d'initiation de la synthèse d'ADN viral. La présence de plusieurs facteurs transcriptionels sur les corps nucléaires PML pourrait renforcer cette hypothèse.

-Papillomavirus

BPV et HPV

L'BPV (Bovine papillomavirus) est un membre des papillomavirus, un groupe de virus à petit ADN double brin circulaire appartenant à la famille des papovavirus et induisant l'apparition de verrues ou papillomes chez toutes les espèces de vertébrés. L'BPV est un petit virus icosahédrique non enveloppé se répliquant dans le noyau des cellules épithéliales squameuses. Son ADN viral est associé aux histones cellulaires en formant des complexes chromatin-like. L'information génétique est localisée sur un des deux brins seulement et consiste en huit cadres de lecture. Le génome viral est divisé en région non codante, régulatrice LCR (Long Control Region), une région précoce E codant pour les protéines impliquées dans la transformation cellulaire (E5, E6, E7) ou dans la réplication et la transcription du génome viral (E1, E2) et une région tardive L codant pour les protéines de capside L1 et L2 et la protéine E4. La capside consiste en deux protéines structurales : la protéine majeure (L1) et la protéine mineure (L2). L'infection latente par le BPV a permis d'observer la distribution cellulaire des différents composants viraux. La protéine L2 apparaît co-localiser avec les corps nucléaires PML et semble jouer un rôle médiateur dans la co-localisation du complexe E2-génome viral et L1 sur les corps nucléaires PML (Day et al., 1998). Ces résultats confirmés aussi dans le cadre de l'infection avec le HPV (Swindle et al., 1999) permettent de suggérer les corps nucléaires PML, comme un lieu de réplication et d'assemblage viral.

- Adénovirus

Un membre de la famille des adénovirus semble aussi s'attaquer au corps nucléaires PML. L'adénovirus de sérotype II (Ad2) est un virus à ADN double brin linéaire possédant deux origines de réplication, cinq unités de transcription précoces (E1A, E1B, E2, E3 et E4), une tardive (L1 à L2) et sept cadres de lecture (ORF). La transcription virale s'effectue grâce à l'ARN polymérase II cellulaire. Pour son activité transformante, l'Ad2 nécessite un minimum de deux séquences essentielles : E1A et E1B. Le gène E1A code pour trois régions conservées chez tous les séro-types d'adénovirus (CR1, CR2 et CR3). Seules les régions CR1 et CR2 sont nécessaires aux activités transformatrice et régulatrice de la croissance cellulaire d'E1A. C'est au niveau de ces régions que les adénovirus interagissent avec les protéines Rb, p107, p130 et p300. Les cadres de lecture ORF sont codés par l'unité E4. Les ORF3 et 6 sont essentielles à la réplication de l'ADN viral et à l'inhibition de synthèse protéique cellulaire (Shut-off). Les fonctions de ces deux protéines ne sont pas bien claires. Des travaux ont montré une co-localisation d'E4-ORF3 avec PML et son implication dans la réorganisation des corps nucléaires PML (Carvalho et al., 1995). Après altération, les composants des corps nucléaires PML forment des structures contenant les produits E1B et E4-ORF3 qui seront recrutés ultérieurement, à l'exception de PML dans les compartiments de réplication virale (Doucas et al., 1996).

b- Virus à ARN

- HDV (Hepatitis Delta Virus)

Le HDV est un agent sous-viral. Son cycle réplicatif complet dépend de la présence d'un hépadnavirus pour lui fournir les protéines d'enveloppe lors d'une co-infection. À l'origine, ce virus a été découvert chez les humains infectés par le HBV. Le génome du HDV n'apparaît pas présenter des similitudes avec le génome des hépadnavirus. La nécessité d'une co-infection avec le HBV pour son cycle réplicatif a permis de le classer comme virus satellite du HBV. Le génome du HDV est un ARN monobrin circulaire avec plusieurs similarités le rapprochant des génomes des viroïdes de plantes. Il possède aussi un anti-génome complémentaire fesant fonction de ribozyme viral. À partir du seul cadre de lecture qu'il possède, le génome du HDV produit deux types d'antigènes appelés : S-HDAg (Small Hepatitis Delta Antigen) et L-HDAg (Large Hepatitis Delta Antigen). S-HDAg est nécessaire à la synthèse d'ARN viral en présence de l'ARN polymérase II de l'hôte. L-HDAg est généré lors de la réplication par un phénomène d'éditing de L'ARN permettant l'addition de 19 aa à son extrémité C-terminale. Cet antigène permet d'une part l'inhibition de la réplication de l'ARN viral et d'autre part, initie l'enveloppement des ribonucléoprotéines (RNP) à partir des glycoprotéines d'enveloppe du HBV. Les antigènes viraux du HDV semblent se retrouver dans le nucléole et/ou le nucléoplasme des cellules infectées. Il a été récemment démontré une altération des corps nucléaires PML par la présence d'antigènes viraux HDV. L'infection de cellules HEp-2 par le HDV a permis d'observer une réorganisation des corps nucléaires PML par la présence d'agrégations constituées d'L-HDAg et d'ARN anti-génomique HDV (Bell et al., 2000). La présence de ces agrégations au niveau des corps nucléaires PML n'exclu pas la possibilité d'une régulation de la réplication du HDV par les corps nucléaires PML.

- Arénavirus

LCMV (Lymphocytic Choriomeningitis Virus)

Le Virus de la chorio-méningite lymphocytaire (LCMV) est un arénavirus. Cette famille de virus (LCMV, Lassa, Mobala, Junnin, Latino,... etc) a été retrouvée chez plusieurs espèces animales. Les virus de ce groupe sont responsables de pathologies très sévères voir fatales. Le génome du LCMV est constitué de deux ARNs mono-brins désignés L (Large) et S (Small). Le segment S code pour la majorité des composants structuraux du virion : la nucléoprotéine interne (NP) et les deux glycoprotéines externes (GP1 et GP2). Le segment L code pour L'ARN polymérase ARN dépendante (L) et la protéine régulatrice Z. La protéine Z est une protéine possédant un domaine Ring et une région de riche en proline. Cette protéine est très conservée à travers les arénavirus. Elle jouerait un rôle dans la synthèse génomique du LCMV. Lors d'une infection virale par le LCMV, la protéine Z réorganise les corps nucléaires PML par délocalisation de PML des corps nucléaires PML vers le cytoplasme. Cette délocalisation semble se dérouler par une interaction directe entre les deux protéines. Autre fait intéressant, c'est la co-localisation de PML et Z avec les protéines ribosomiques P (Borden et al., 1998). Ces dernières sont au nombre de trois : P0, P1 et P2 et participent à la formation de la grande sous-unité du ribosome. Elles sont également essentielles à la traduction cellulaire par leur association aux facteurs d'élongation EF1 et EF2. L'interaction entre le LCMV, PML et les P protéines pourrait s'expliquer par l'habileté du virus de maintenir une infection latente chez l'hôte et les tissus en culture. Il est important de signaler le rôle pro-apoptotique de PML qui pourrait entraver l'installation de cette latence.

-Rétrovirus

HIV-1 (Human Immunodeficiency Virus type1)

Après infection virale, l'ARN génomique du HIV-1 est rétro-transcrit en ADN db linéaire destiné à intégrer le génome cellulaire pour produire un nouveau ARN viral. Les protéines impliquées dans la rétro-transcription ainsi que le génome viral sont assemblés dans le cytoplasme en complexe de pré-intégration qui est transporté activement dans le noyau à travers les pores nucléaires. Ce processus spécifique des lentivirus leur permet d'accéder à l'ADN cellulaire de leur hôte indépendamment du cycle cellulaire (Bukrinsky et al., 1992). Une fois dans le noyau, l'ADN proviral s'intègre dans le génome cellulaire pour commencer sa réplication virale. Par contre, une grande partie des ADN viraux rétro-transcris ne s'intègrent pas dans l'ADN chromosomique. L'intégration de l'ADN viral du HIV-1 est médiée par l'intégrase virale (IN), une recombinase responsable des processus de coupure et jointure permettant une ligation covalente de l'ADN viral avec l'ADN cellulaire. Cette intégrase est capable d'interagir avec la protéine IN1 (Integrase Interactor 1), appelée également SNF5 ou BAF47 constituant essentiel de la machinerie de remodelage de la chromatine SWI/SNF (Kalpana et al., 1994 ; Wang et al., 1996). IN1 en association avec Brahma (hBrm) ou BRG-1 (Brm-Related Gene 1) stimulent l'activité de l'intégrase virale du HIV-1 (Kalpana et al., 1994). Une redistribution de PML du noyau vers le cytoplasme a été rapportée (Turelli et al., 2001). PML semble former des tâches mouchetées dans le cytoplasme et apparaît s'associer au processus de migration du complexe de pré-intégration du HIV-1 dans le cytoplasme. L'ADN viral du HIV-1 s'associe à IN1 et PML. Les auteurs suggèrent un rôle de PML dans le recrutement des composants du complexe SWI/SNF et de CBP/p300. Le recrutement de ces protéines sur le complexe de pré-intégration faciliterait son intégration après translocation dans le noyau par l'induction d'un remodelage de la chromatine au niveau du site d'intégration et ensuite sa transcription grâce à l'activité acétyl-transférase de CBP/p300. Ces résultats vont à l'encontre de ce qui a été rapporté par une autre étude où les corps nucléaires PML et la localisation nucléaire de PML n'apparaissent en aucun cas subir des modifications observables par immunofluorescence (Bell et al., 2001).

HTLV-1 (Human T cell leukemia virus type 1)

Le HTLV-1 appartient au groupe des rétrovirus humains leucémogènes de type HTLV, premiers rétrovirus humains isolés dans des syndromes lympho-prolifératifs de l'adulte intéressant les lymphocytes T. C'est un virus à deux molécules d'ARN monobrin possédant la même organisation génétique que les autres rétrovirus concernant les gènes structuraux gag-pro-pol-env. mais avec une région en 3' du génome différente. Cette région est caractérisée par la présence de deux gènes, le gène Tax et le gène rex. Le gène gag code pour les protéines de la matrice (MA), la capside (CA) et la nucléocapside (NC). La protéase (Pro) est nécessaire au clivage du précurseur gag et à sa propre maturation par auto-clivage. La polymérase pol code pour la rétro-transcriptase, l'intégrase et la RNase H. L'enveloppe est formée après clivage du précurseur env à partir de la glycoprotéine de surface (SU) et de la protéine trans-membranaire (TM). Le génome est limité des deux extrémités par un LTR (Long Terminal Repeat) caractérisé par la présence d'une région U3 contenant les séquences nécessaires au contrôle de la transcription des provirus et sur lesquels se fixent la protéine Tax et des facteurs de transcription cellulaires (Sp1, les complexes CREB/ATF-1, NFψB...etc). Les régions R et U5 du LTR jouent un rôle important dans le contrôle post-transcriptionnel de l'expression génique du HTLV-1. Les protéines Tax et rex sont nécessaires à la réplication virale. La protéine Tax est la protéine trans-activatrice du HTLV-1. La trans-activation par Tax entraîne l'initiation de la transcription à partir de la région 5' du LTR proviral. Son rôle ne se limite pas apparemment à cette fonction virale. Tax semble également responsable de la délocalisation de la protéine Int-6 des corps nucléaires PML vers le cytoplasme par une interaction entre les deux protéines (Desbois et al., 1996). La raison de la présence d'Int-6 sur les corps nucléaires PML est inconnue. La protéine Rfp semble être responsable de son recrutement sur les corps. Int-6 a été découverte par l'étude de la transformation virale induite par MMTV (Murine Mammary Tumor Virus) suite à l'intégration du provirus dans le gène Int-6 et la production d'une protéine tronquée. Elle semble correspondre à la sous-unité cytoplasmique P48 du facteur de traduction eIF-3 (Asano et al., 1997 ; Guo and Sen, 2000). L'observation de ces résultats semble suggérer la possibilité qu'Int-6 soit recrutée sur les corps nucléaires PML pour inhiber la traduction cellulaire. D'autre part, la délocalisation d'Int-6 par Tax vers le cytoplasme pourrait être nécessaire à sa réplication virale. Cela ne semble pas étonnant en tenant compte d'une certaine dépendance du HTLV-1 de facteurs transcriptionnels cellulaires.

Virus	Cibles	Mécanismes d'action
Adénovirus	PML	E4 -ORf 3 réoganise les corps nucléaires
HSV-1	PML Sp100	ICP0 délocalise PML et Sp100 des corps nuléaires et induit leurs dégradation
HCMV	PML	IE1 réorganise les corps nucléaires PML et diminue la modification de PML par SUMO-1
EBV	PML	EBNA5 colocalise avec les CNs PML BZLF1 réorganiseles CNs PML
Papilloma virus	PML	L2 colocalise avec les CNs PML et recrute L1 et E2
HDV	PML	L-HDAg altère les CNs PML
HTLV-1	Int-6	Tax délocalise Int-6 des CNs vers le cytoplasme
HFV	PML	La protéine transactivatrice Tas colocalise avec les CNs
LCMV	PML	La protéine Z délocalise PML des CNs vers le cytoplasme

Tableau V. Effets des protéines virales sur les corps nucléaires PML

44

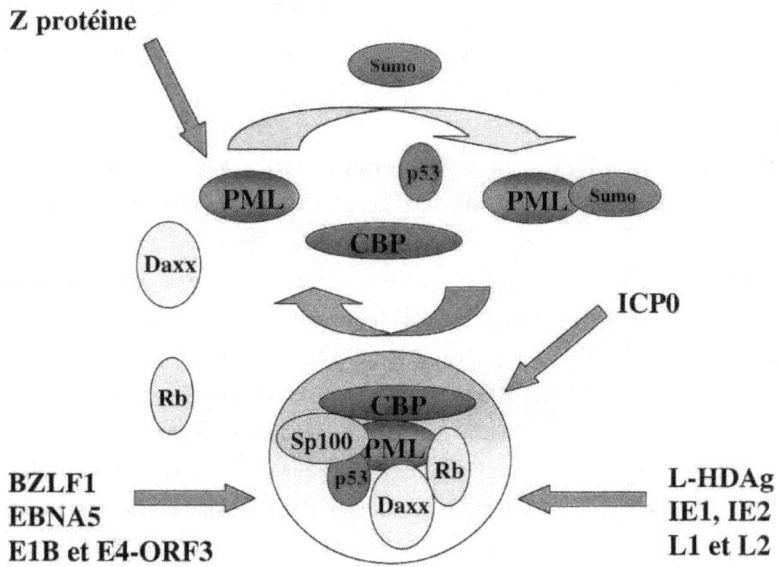

Figure 5. Les corps nucléaires PML cibles des protéines virales

BUT DU TRAVAIL

Le but de mon travail de thèse a été d'étudier le rôle et le devenir des corps nucléaires PML lors des infections virales par le HFV et la virus de la rage.

A/ Virus Foamy (HFV)

Le HFV (Human Foamy Virus) est un virus appartenant à la famille des spumavirus, appelés également virus Foamy (Lecellier and Saib, 2000). Ce sont des rétrovirus complexes bien représentés dans le règne animal. Ils ont été découverts pour la première fois en 1954 (Enders et al., 1954) dans des cultures cellulaires provenant de reins de singe. En culture cellulaire, les spumavirus induisent l'apparition de syncytia facilitant leur isolation. Ils sont également très lytiques et présentent un large tropisme cellulaire reflétant l'ubiquité du récepteur viral (Hill et al., 1999). Ils possèdent un génome similaire aux autres rétrovirus comme le HIV et le HTLV-1, cette parenté, est représentée par les gènes structuraux et enzymatiques Gag, Pol et env et par la présence de gènes auxiliaires en 3' du génome (bel2, bel3 et Bet) (Rethwilm et al., 1987 ; Flügel et al., 1987). L'étude par clonage des différents gènes viraux a identifié plusieurs similarités avec les hepadnavirus et particulièrement le HBV en ce qui concerne la stratégie réplicatif de leur génome (Seeger et al., 1996). Effectivement la formation d'un ARN pol spécifique, l'infectiosité de son ADN viral contenu dans les virions extra-cellaires et la rétro-transcription tardive lors de l'infection le rapproche le plus du HBV. Ce virus est donc classé entre rétrovirus et hépadnavirus.

 L'analyse moléculaire de leur génome a permis d'identifier un ARN linéaire rétro-transcrit en ADN double brin pendant le cycle viral. Le génome est limité des deux extrémité par deux séquences LTR (Long Terminal Repeat) contenant des éléments de fixation pour les facteurs de transcription (AP1, ets) et des éléments de régulation négative (Schmidt et al., 1997 ; Mergia et al., 1992 ; Erlwein et al., 1993). Le gène Gag du HFV à la différence du gène Gag des autres rétrovirus code pour un précurseur, donnant naissance après clivage à deux produits de 72 Kd et 68 Kd, alors que dans le cas du HIV et du HTLV-1, le produit Gag est clivé en matrice (MA), capside (CA) et en nucléocapside (NC). Le gène Pol code pour la protéase virale, la rétro-transcriptase-RNase H et l'intégrase. Le gène env code pour un précurseur clivé en protéine de surface (SU ou gp70-80) et en protéine trans-membranaire (TM ou gp48). Toute la séquence génomique du foamy virus ne contient que deux cadres de lecture (ORF) en 3' de leurs génomes. Un des deux cadres de lecture code pour la protéine trans-activatrice Tas (trans-activateur des spumavirus), initialement appelée Bel1. C'est une phospho-protéine nucléaire de 36 Kd nécessaire à l'expression des gènes viraux HFV. L'activité régulatrice de

Tas s'effectue par sa trans-activation du LTR et d'une région génomique spécifique en 3' du gène env appelée promoteur interne par une liaison directe à l'ADN (He et al., 1996). La fixation de la protéine Tas, sur ces deux régions, permet l'initiation précoce du cycle réplicatif viral par la synthèse des protéines structurales et enzymatiques codées par gag, pol et env. L'autre protéine régulatrice du promoteur interne est appelée Bet. Elle est synthétisée à partir de l'épissage de l'ARN messager et contient une partie de Tas fusionnée au cadre de lecture de bel2. Elle semble jouer un rôle dans la persistance virale des foamy virus (Linial, 2000).

B/ Virus de la rage

Le virus de la rage est un lyssavirus appartenant à la famille des rhabdovirus. Son génome est un ARN monobrin à polarité négative. Il code pour cinq protéines appelées G (glycoprotéine), N (nucléoprotéine), P (phosphoprotéine), M (protéine de la matrice) et L (ARN polymérase). La réplication virale du virus de la rage est cytoplasmique. Deux évènements distincts caractérisent la réplication virale du virus de la rage. Le premier permet la production d'un ARN monobrin positif complémentaire de l'ARN parental. Le deuxième permet la production d'ARNs monobrins négatifs. La protéine G est une glycoprotéine d'enveloppe responsable de l'assemblage et du bourgennement des virions. Elle joue également un rôle important dans la reconnaissance du récepteur. C'est une protéine de 524 aa dont la maturation par clivage en N-terminal donne naissance à une protéine mature possédant trois domaines structurales : le domaine C-terminal cytoplasmique, le domaine trans-membrannaire hydrophobe et le domaine antigénique externe. La protéine de la matrice M joue également un rôle important au côté de la protéine G dans l'assemblage et le bourgeonnement des virions, mais elle participe aussi à la régulation négative dans la synthèse de l'ARN viral. La nucléoprotéine N est une protéine comportant un domaine N-terminal interagissant avec l'ARN viral et l'extrémité C-terminal qui interagit avec la phosphoprotéine P. Cette protéine est essentielle à l'encapsidation des ARNs monobrins positifs et négatifs pour former les complexes RNP (ribonucléoprotéiques). La protéine L est la protéine la plus grande en taille de toutes les protéines de la rage. Elle joue un rôle important dans la transcription virale. Ces fonctions s'exercent par la synthèse de l'ARN, le capping, la méthylation et la polyadénylation des ARNs viraux. La phosphoprotéine P ou M1 est une protéine impliquée dans la formation des complexes RNP au côté de la protéine N et la protéine L. L'ARN messager de la P permet l'expression en plus de la protéine P de quatre produits amino-terminaux tronqués : P2, P3, P4 et P5 à partir de différents cadres de lecture internes. Les protéines P et P2 se retrouvent dans le cytoplasme alors que P3, P4 et P5 sont majoritairement nucléaires (Chenik et al., 1995).

RESULTATS

PUBLICATION N° 1

A/ PML interagit avec le trans-activateur Tas et inhibe la réplication du HFV

Plusieurs protéines cellulaires induites par l'interféron sont douées d'activités antivirales contre une variété de virus. PML est induite directement par l'interféron de type I (α et β) et par l'interféron de type II (γ) par la présence respective sur son promoteur d'éléments ISRE et GAS. PML apparaît comme une nouvelle protéine possédant une activité antivirale par l'inhibition de la réplication du VSV et de l'influenza. La protéine PML appartient à une famille de protéines appelées RBCC possédant un domaine Ring, deux boîtes B et un domaine α-hélice, le coiled-coil. Ce motif est nécessaire à ces fonctions régulatrices de la prolifération, de l'apoptose, de la transcription cellulaires et a son activité antivirale. Elle présente une localisation diffuse nucléoplasmique et une forme associée aux corps nucléaires dont elle est le composant essentiel. Son passage sur les corps nucléaires fait suite à sa modification par une protéine de la famille des ubiquitines appelée Sumo-1. Durant ce transfert PML recrute différentes protéines cellulaires et virales sur les corps nucléaires. Dans cet article, je me suis penché sur l'étude du rôle médiateur de PML dans la réponse antivirale de l'interféron contre un rétrovirus, le HFV.

La première approche a consisté à observer les antigènes viraux HFV par immunofluorescence ou par Western-Blot à partir de différentes lignées cellulaires sur-exprimant PML de façon constitutive ou traitées à l'interféron α. Nous avons observé par cette approche une inhibition des antigènes viraux à différentes multiplicités d'infection. Cette inhibition n'est pas observée dans les cellules sur-exprimant les protéines Mx dont le large pouvoir antiviral contre une variété de virus est connu. L'étude des ARNm et de la synthèse d'ADN viral HFV par Northen et Southern Blot à partir des cellules sur-exprimant PML ou traitées à l'interféron α nous a permis de conclure à une inhibition transcriptionnelle de la réplication du HFV par PML. Pour déterminer le mécanisme par lequel PML inhibe les antigènes viraux HFV, nous avons exprimé transitoirement PML et la protéine Tas. L'immunofluorescence réalisée à partir de ces cellules, a permis d'observer une co-localisation de ces deux protéines, ce qui nous a suggéré une possible interaction entre PML et Tas. C'est une série d'immuno-précipitations des deux protéines et de différents mutants qui a apporté une réponse positive à cette hypothèse. Cette interaction est directe et nécessite le domaine Ring de PML et le domaine N-terminal de Tas. La recherche d'une signification biologique à cette interaction nous a poussé à étudier la trans-activation virale du LTR et du promoteur interne par la protéine Tas. Ce processus permet l'initiation de la réplication virale du HFV. L'expression transitoire du LTR ou du promoteur interne en présence ou en absence de PML ou de ces mutants nous a permis d'observer une inhibition de la trans-activation virale du HFV en présence de PML. L'introduction de quantités croissantes de PML par expression transitoire inhibe cette trans-activation à des taux de plus en plus significatifs. Cette inhibition n'est pas observée en présence des mutants du Ring (PML Q59C60 et PML C57,60). Les mutants coiled-coil (PML Δ 216-333), cytoplasmique (PML Stop381) ou le mutant PML muté sur les sites de sumoylation (PML 3K) arrivent toujours à inhiber la trans-activation virale. Ce résultat démontre l'importance du domaine Ring dans le mécanisme d'inhibition de la réplication virale du HFV. Ces résultats sont confirmés par des expériences de retard sur gel où il est observé une inhibition de la fixation de Tas sur le LTR et sur le promoteur interne. De plus, l'utilisation de cellules déficientes pour (PML-/-) traitées à l'interféron et infectées par le HFV nous a permis d'observer une réduction de l'inhibition des antigènes viraux dans les cellules PML-/- comparés aux cellules parentales.

En résumé, PML inhibe la réplication virale du HFV par répression transcriptionnelle de sa trans-activation. Cette répression passe par une interaction directe entre PML et Tas. Elle nécessite le domaine Ring de PML et le domaine N-terminal de Tas. La réduction de l'inhibition du HFV dans les cellules déficientes pour PML traitées par l'interféron et comparés aux cellules parentales suggère un rôle médiateur de PML dans l'activité antivirale de l'interféron contre le HFV.

EMBO J. 2001 Jul 2;20(13):3495-505.

PML mediates the interferon-induced antiviral state against a complex retrovirus via its association with the viral transactivator.

Regad T, Saib A, Lallemand-Breitenbach V, Pandolfi PP, de Thé H, Chelbi-Alix MK.

CNRS UPR 9051, Hôpital St Louis, 1 avenue Claude Vellefaux, 75475 Paris Cedex 10, France.

Abstract

The promyelocytic leukaemia (PML) protein localizes in the nucleus both in the nucleoplasm and in matrix-associated multiprotein complexes known as nuclear bodies (NBs). The number and the intensity of PML NBs increase in response to interferon (IFN). Overexpression of PML affects the replication of vesicular stomatitis virus and influenza virus. However, PML has a less powerful antiviral activity against these viruses than the IFN mediator MxA. Here, we show that overexpression of PML, but not that of Mx1 or MxA, leads to a drastic decrease of a complex retrovirus, the human foamy virus (HFV), gene expression. PML represses HFV transcription by complexing the HFV transactivator, Tas, preventing its direct binding to viral DNA. This physical interaction requires the N-terminal region of Tas and the RING finger of PML, but does not necessitate PML localization in NBs. Finally, we show that IFN treatment inhibits HFV replication in wild-type but not in PML-/- cells. These findings point to a role for PML in transcriptional repression and suggest that PML could play a key role in mediating an IFN-induced antiviral state against a complex retrovirus.

PUBLICATION N° 2

B/ La protéine P et P3du virus de la rage interagissent directement avec PML et altèrent les corps nucléaires PML

Plusieurs protéines virales co-localisent sur les corps nucléaires PML lors des différentes infections par des virus à ARN ou à ADN. La présence de ces protéines sur ces structures entraîne leur altération. Les mécanismes par lesquels ces virus altèrent les corps nucléaires PML et la signification biologique de ces altérations sont toujours inconnus. Quelques travaux ont suggéré l'importance des corps nucléaires PML dans la régulation de la réplication virale. D'autre part, par son activité antivirale, PML pourrait inhiber ce processus viral, phénomène observé pour le HFV. On pourrait penser que certains virus développent des stratégies virales pour contrecarrer cette activité antivirale. Dans ce travail, nous avons essayé de mieux comprendre ces stratégies afin d'apporter des réponses à ces questions.

Le virus de la rage altère aussi les corps nucléaires PML. La protéine cytoplasmique P et un sous-produit nucléaire de P (P3) semblent êtres impliqués dans cette altération. L'infection par ce virus de cellules sur-exprimant PML de façon constitutive nous a permis d'observer par microscopie confocale et électronique une réorganisation des corps nucléaires PML. Les sphères creuses avec un marquage de PML en périphérie deviennent des sphères avec un marquage de PML à l'intérieur. Afin de déterminer la ou les protéines virales impliquées dans ce phénomène nous avons exprimé de façon transitoire les différentes protéines virales du virus de la rage (M, N, L, G et P) dans des cellules sur-exprimant PML. Par immunofluorescence, nous avons observé une séquestration de PML par de la protéine P dans le cytoplasme. L'immuno-précipitation des deux protéines a permis de démontrer une interaction entre ces deux protéines. L'expression transitoire des différents sous-produits de la P a permis d'observer par immunofluorescence une co-localisation du sous-produit P3 avec PML et une altération des corps nucléaires PML par P3. Une interaction entre P3 et PML est également observée par co-immunoprécipitation. La co-traduction et l'immunoprécipitation de P et PML d'une part et de P3 et PML démontrent une interaction directe entre PML, P et P3. Pour déterminer les domaines d'interaction entre P et PML, nous avons co-immunoprécipité différents mutants de P avec PML et différents mutants de PML avec la P.

50

L'interaction entre P et PML implique le domaine C-terminal de la P et le domaine Ring de PML. L'infection des cellules déficientes en PML et des cellules PML sauvages par le virus de la rage et l'analyse par Western-Blot des antigènes viraux à partir de ces cellules montre un taux d'expression plus élevé d'antigènes viraux dans les cellules déficientes en PML par rapport aux cellules parentales. De plus, le titre viral dans les cellules déficientes en PML est 20 fois plus élevé que dans les cellules parentales.

En résumé, le virus de la rage altère les corps nucléaires PML par délocalisation de PML du noyau vers le cytoplasme et par leur altération. Les protéines impliquées sont la protéine P et son sous-produit P3. Ces altérations impliquent une interaction directe entre PML et les deux protéines. Cette interaction implique le domaine C-terminal de la P et le domaine Ring de PML. Le virus de la rage semble s'attaquer aux corps nucléaires PML pour faciliter sa réplication virale.

Oncogene. 2002 Nov 14;21(52):7957-70.

Rabies virus P and small P products interact directly with PML and reorganize PML nuclear bodies.

Blondel D, Regad T, Poisson N, Pavie B, Harper F, Pandolfi PP, De Thé H, Chelbi-Alix MK.
UMRCNRS2472, 91198 Gif sur Yvette, France.

Abstract

The interferon-induced promyelocytic leukaemia (PML) protein localizes both in the nucleoplasm and in matrix-associated multi-protein complexes known as nuclear bodies (NBs). NBs are disorganized in acute promyelocytic leukaemia or during some viral infections, suggesting that PML NBs could be a part of cellular defense mechanism. Rabies virus, a member of the rhabdoviridae family, replicates in the cytoplasm. Rabies phosphoprotein P and four other amino-terminally truncated products (P2, P3, P4, P5) are all translated from P mRNA. P and P2 are located in the cytoplasm, whereas P3, P4 and P5 are found mostly in the nucleus. Infection with rabies virus reorganized PML NBs. PML NBs became larger and appeared as dense aggregates when analysed by confocal or electron microscopy, respectively. The expression of P sequesters PML in the cytoplasm where both proteins colocalize, whereas that of P3 results in an increase in PML body size, as observed in infected cells. The P and P3 interacted directly in vivo and in vitro with PML. The C-terminal domain of P and the PML RING finger seem to be involved in this binding. Moreover, PML-/- primary mouse embryonic fibroblasts expressed viral proteins at a higher level and produced 20 times more virus than wild-type cells, suggesting that the absence of all PML isoforms resulted in an increase in rabies virus replication.

DISCUSSION

Inhibition de la réplication virale du HFV par PML

Les premiers résultats en étudiant la réplication virale du VSV et de l'influenza dans des cellules sur-exprimant PML III de façon constitutive ou lors de traitement à l'interféron ont démontré son rôle antiviral (Chelbi-Alix et al., 1998). Cette inhibition est d'ordre transcriptionnelle car l'expression de PML inhibe leurs ARNm viraux. L'inhibition de la réplication du HFV confirme ces résultats (Regad et al., 2001). PML inhibe la réplication virale du spumavirus par une répression de sa transcription primaire. Cette répression

Figure 6. Répression de la transcription par les isoformes PML

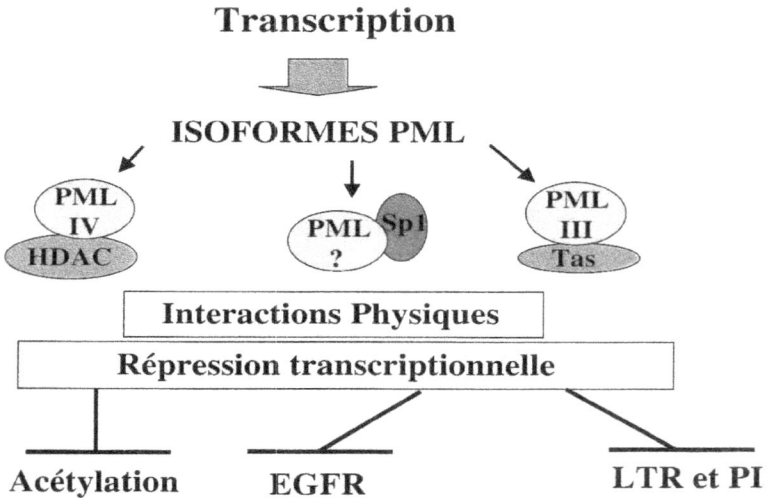

implique la séquestration du trans-activateur viral Tas par une interaction physique entre ce dernier et PMLIII . Cette interaction inhibe sa fixation sur LTR et le promoteur interne du provirus HFV. Ce mécanisme de répression transcriptionnelle est également observé en dehors du contexte viral et suivant l'isoforme de PML impliqué. Les fonctions de PML sont déterminées par des interactions protéine-protéine et semblent dépendre de l'isoforme PML utilisé. L'activité de l'histone déacétylase (HDAC) est activée par une interaction physique entre PML IV et HDAC induisant une répression transcriptionnelle par la déacétylation des histones (Wu et al., 2001). Un autre isoforme de PML qui reste à déterminer interagit directement avec Sp1 l'empêchant de se fixer sur le promoteur du récepteur EGF et de le transactiver (Vallian et al., 1998). L'interaction de PML III avec Tas, entraîne la répression de sa trans-activation par l'inhibition de sa fixation sur le LTR et le promoteur interne constitue le premier exemple d'une protéine induite par l'interféron capable d'inhiber un trans-activateur viral par une interaction physique (Figure 6).

Tableau VI. La localisation nucléaire de PML et son domaine Ring de PML sont nécessaires à son activité antivirale contre le HFV

Inhibition de la trans-activation du LTR et du PI par Tas					
PML Sauvage	Mutants du Ring	Coiled Coil	Mutant Sumo	Noyau	Cytoplasme
+	-	+	+	+	-

L'interaction entre Tas et PMLIII nécessite un domaine Ring intact (Tableau IV). Ce domaine est impliqué dans les interactions protéine-protéine nécessaire aux différentes activités de PML (Borden et al., 1998 ; Kentis and Borden, 2001). Les mutations dans ce domaine abolissent les activités apoptotique, anti-tumorale et antivirale (Borden et al., 1997 ; Jensen et al, 2001 ; Regad et al., 2001). L'interaction entre le Ring de PMLIII et le domaine N-terminal de Tas est confirmée par l'interaction de PMLIII avec la protéine Bet. Cette dernière possède le même domaine N-terminal (les premiers 88 aa) que la protéine Tas (Lecellier and Saib, 2000).Le mutant cytoplasmique de PMLIII n'inhibe pas la trans-activation du LTR et du promoteur interne par Tas ce qui suggère la nécessité d'une localisation nucléaire de PMLIII pour inhiber la réplication virale du HFV. La modification de PMLIII par sumo, nécessaire à son transfert du nucléoplasme vers les corps nucléaires PML, n'apparaît pas être obligatoire à son activité répressive de la transcription du HFV. Cette observation est démontrée par une inhibition de la trans-activation du HFV en présence du mutant PMLIII sur les trois lysines nécessaire à sa modification par SUMO et sa présence sur les corps nucléaires (Zhong et al., 2000). Récemment, une autre donnée confirme ce résultat. Il semblerait que l'isoforme PML IV induit la sénescence p53 dépendante indépendamment des corps nucléaires PML (Bischof et al., 2002). Ce même résultat est également observé pour l'activité antivirale de PML III contre le virus de l'influenza et le VSV où PML III n'a pas besoin d'être sur les corps nucléaires pour excercer son pouvoir antiviral (Chelbi-Alix et al., 1998). La multimérisation de PMLIII médiée, par le domaine Coiled-Coil, n'apparaît pas être impliquée dans ce mécanisme puisque le mutant PMLIII délété de ce domaine est capable d'inhiber la trans-activation par Tas.

La protéine trans-activatrice Tas est également capable de trans-activer le LTR du HIV-1. Cette trans-activation est aussi inhibée en présence de PML. Cette observation détermine la spécificité d'action de PMLIII sur l'activité de Tas. Par contre, la trans-activation du LTR HIV-1 et du LTR HTLV-1 par Tat et Tax respectivement ne semble pas être altéré par la sur-expression de PML (Résultats non publiés). PMLIII semble être un médiateur important dans la réponse antivirale de l'interféron contre le HFV.

Le traitement par l'interféron des cellules PML -/- infectées par le HFV, inhibe de façon plus réduite la réplication du HFV par rapport à ce qui est observé dans les cellules PML sauvages ayant subis le même traitement. La sur-expression de Mx1 ou Mx A n'apparaissent pas inhiber la réplication de ce virus. La PKR non plus puisque l'expression de la PKR humaine ou de sa forme catalytique inactive n'inhibe pas la trans-activation du LTR par Tas. L'effet antiviral de PML sur la réplication du HFV mérite d'être confirmé in vivo chez les sourisPML-/-.

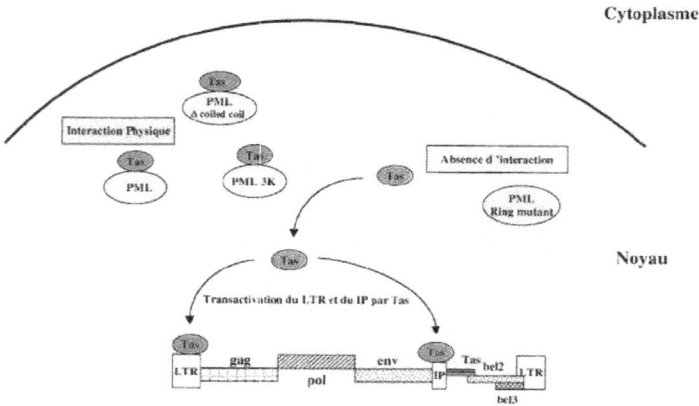

Figure 7. Effets de PML et de ses mutants sur la transactivation du LTR et du promoteur interne (IP) par Tas

54

Altération des corps nucléaires PML par le virus de la rage

Lors de l'infection virale par le virus de la rage, les corps nucléaires PML sont réorganisés. Leurs tailles deviennent plus larges en microscopie confocale et apparaissent sous forme d'agrégations denses en microscopie électronique. Les protéines virales N, M, G et L n'ont aucun effet sur les corps nucléaires PML par contre, deux protéines virales semble être impliqué dans la réorganisation des corps nucléaires PML par le virus de la rage : la phosphoprotéine P et l'un de ces sous-produits ; la protéine P3 (Blondel et al., 2002). L'expression de la phosphoprotéine P toute seule entraîne la séquestration de PML dans le cytoplasme où ces deux protéines co-localisent. Ce mécanisme est également employé par la protéine Z du LCMV qui délocalise PML vers le cytoplasme (Borden et al., 1998). L'expression de la protéine P3 se traduit par l'augmentation de la taille des corps nucléaires PML, phénomène observé durant l'infection par le virus de la rage. La localisation de la P3 dans les cellules déficientes en PML ne nécessite pas la présence de PML pour former des structures nucléaires dont la nature est inconnue. Nous avons montré que P et P3 interagissent directement avec PML in vitro et in vivo. La région C-terminal de la P et le domaine Ring de PML sont nécessaires à cette interaction. Ce domaine est impliqué dans les interactions protéine-protéine, pour la formation des corps nucléaires PML, pour son activité supréssive de la croissance et apoptotique (Jensen et al., 2001). PML à travers son interaction avec le trans-activateur viral Tas entraîne la répression transcriptionnelle du HFV (Regad et al., 2001). La protéine P est un co-facteur de l'ARN polymérase L. Elle interagit avec la nucléoprotéine N et la polymérase L pour former un complexe nécessaire à la transcription et la réplication virale (Chenik et al., 1994). Nous avons montré que l'extrémité C-terminale de la P est nécessaire pour son interaction avec PML. L'analyse de la séquence protéique n'a pas démontré la présence de domaine Ring ou coiled-coil dans l'extrémité C-terminale de la P. Ce domaine est également impliqué dans l'interaction avec la nucléoprotéine N. Ceci explique pourquoi la séquestration de PML par la P n'est pas observée durant l'infection virale. Donc, il y a un ordre prioritaire qui favorise une interaction fonctionnelle entre ces trois protéines virales nécessaire à la survie du virus. Cela peut s'expliquer par une affinité d'interaction beaucoup plus forte entre la protéine P et N qu'avec la protéine P et PMLIII. D'autre part, la réplication virale du virus de la rage se déroule dans le cytoplasme et de façon plus précoce que le phénomène d'altération des corps nucléaires. La protéine nucléaire P3 dont le rôle est inconnu lors de l'infection virale apparaît comme le candidat le plus probable dans l'altération des corps nucléaires PML. Cette protéine produite avec d'autres sous-produits (P2, P4, P5) à partir de du gène polycistronique P se retrouve dans le noyau par un mécanisme inconnu. En plus le sous-produit P3 ne semble pas contenir un signal de localisation nucléaire. Néanmoins, la protéine P3 forme des structures nucléaires inconnues dans le noyau et ne semble pas nécessiter la présence des corps nucléaires PML pour se former puisque ces structures sont également présentes dans les cellules PML déficientes (PML-/-). Lors de l'infection virale, la protéine P3 altère les corps nucléaire PML, ce qui n'est pas le cas de la protéine P. Toutes ces observations font du sous-produit P3 la protéine responsable de l'altération des corps nucléaires PML durant l'infection par le virus de la rage. Encore plus intéressant, le VSV dont la réplication est inhibée par PML au niveau transcriptionnel (Chelbi-Alix et al., 1998) appartient au même groupe que le virus de la rage ; les rhabdovirus (Bourhy et al., 1993). Ces deux virus possèdent la même structure et la même organisation génomique, mais se comportent différemment en présence de PML. L'infection par le VSV n'altère en aucun cas les corps nucléaires PML. La différence peut être expliquée par la divergence séquentielle entre la phosphoprotéine du virus de la rage et celle du VSV. Une autre explication peut aussi être formulée, cette fois d'ordre biologique concernant cette différence. Le processus d'infection par le virus de la rage est beaucoup plus lent que celui du VSV. L'infection et le transport tout au long des neurones nécessitent des interactions spécifiques avec l'hôte. L'exemple est donné par l'interaction de la phosphoprotéine P avec la chaîne légère (LC8) de la dynéine responsable du transport antérograde au long des microtubules (Jacob et al., 2000 ; Raux et al., 2000). Cette interaction permet la propagation du virus de la rage du site d'entrée vers le système nerveux central. Lors de l'infection par le VSV cette interaction n'est pas observée, ce qui détermine la spécificité neurotropique du virus de la rage par rapport au VSV (Poisson et al., 2001).

Dans les cellules PML déficientes, le virus de la rage semble se répliquer beaucoup plus facilement que dans les cellules PML sauvages. Cet effet n'est pas dû à la production et à la sécrétion d'interféron durant l'infection par le virus de la rage. Ces observations montrent que l'isoforme PML III a un faible rôle antiviral contre ce virus. L'étude de la réplication virale du virus de la rage chez les souris PML déficientes pourrait apporter plus de réponses concernant l'implication de l'isoforme PMLIII ou d'autres isoformes PML dans la réplication virale du virus de la rage.

Annexes

Revue 1

Oncogene. 2001 Oct 29;20(49):7274-86.

Role and fate of PML nuclear bodies in response to interferon and viral infections.

Regad T, Chelbi-Alix MK.

UPR 9045 CNRS, Institut André Lwoff, 7 rue Guy Moquet 94801, Villejuif, Cedex, France.

Abstract

Interferons (IFNs) are a family of secreted proteins with antiviral, antiproliferative and immunomodulatory activities. The different biological actions of IFN are believed to be mediated by the products of specifically induced cellular genes in the target cells. The promyelocytic leukaemia (PML) protein localizes both in the nucleoplasm and in matrix-associated multi-protein complexes known as nuclear bodies (NBs). PML is essential for the proper formation and the integrity of the NBs. Modification of PML by the Small Ubiquitin MOdifier (SUMO) was shown to be required for its localization in NBs. The number and the intensity of PML NBs increase in response to interferon (IFN). Inactivation of the IFN-induced PML gene by its fusion to retinoic acid receptor alpha alters the normal localization of PML from the punctuate nuclear patterns of NBs to micro-dispersed tiny dots and results in uncontrolled growth in Acute Promyelocytic Leukaemia. The NBs-associated proteins, PML, Sp100, Sp140, Sp110, ISG20 and PA28 are induced by IFN suggesting that nuclear bodies could play a role in IFN response. Although the function of PML NBs is still unclear, some results indicate that they may represent preferential targets for viral infections and that PML could play a role in the mechanism of the antiviral action of IFNs. Viruses, which require the cellular machinery for their replication, have evolved different ways to counteract the action of IFN by inhibiting IFN signalling, by blocking the activities of specific antiviral mediators or by altering PML expression and/or localization on nuclear bodies.

Revue 2

M S-MEDECINE SCIENCES 2002 JAN, 18 (1): 25-27
PML, a mediator of interferon-induced antiviral response
Regad T, Chelbi-Alix MK.
UPR 9045 CNRS, Institut André Lwoff, 7 rue Guy Moquet 94801, Villejuif, Cedex, France.

Abstract

Les interférons (IFN) sont des cytokines douées de nombreuses activités biologiques,telles que l'inhibition de la réplication virale, l'inhibition de la multiplication cellulaire, l'induction de l'apoptose ainsi que la modulation de la différenciation et de la réponse immunitaire.L'activité antivirale des IFN est à l'origine de leur découverte. Cette propriété a conduit à l'utilisation des IFN de type I dans le traitement de certaines infections virales, dues par exemple aux virus de papillomes et à ceux des hépatites B et C. L'IFN induit ses diverses activités biologiques en augmentant l'expression dans la cellule de plus de 200 protéines.Le rôle de la plupart de ces protéines n'est pas encore élucidé. L'expression de certaines est directement impliquée dans le mécanisme de l'action antivirale de l'IFN : c'est la protéine kinase dépendantede l'ARN double brin (PKR), le système 2'5'oligoadénylate synthétase /RNase L, et certaines formes de protéines Mx [1]. Cependant, l'invalidation des trois gènes *PKR*, *RNase L* et *Mx* ne suffit pas à abolir complètement la réponse antivirale de l'IFN, suggérant l'implication d'autres gènes dans la réponse antivirale.Des données récentes montrent que PML *(promyelocytic leukaemia)*, protéine induite par l'IFN, est responsable de certains effets antiviraux de cette cytokine.

REFERENCES

Adamson, A.L. and Kenney, S. (2001) Epstein-Barr virus immediate-early protein BZLF1 is SUMO-1 modified and disrupts promyelocytic leukemia bodies. *J. Virol*, **75**, 2388-2399.

Ahn, J.H., Brignole, E.J., 3rd and Hayward, G.S. (1998) Disruption of PML subnuclear domains by the acidic IE1 protein of human cytomegalovirus is mediated through interaction with PML and may modulate a RING finger-dependent cryptic transactivator function of PML. *Mol Cell Biol*, **18**, 4899-913.

Akkaraju, G.R., Whitaker-Dowling, P., Youngner, J.S. and Jagus, R. (1989) Vaccinia virus SKIF prevents translational inhibition by dsRNA in reticulocyte lysate. *J Biol Chem*, **264**, 10321-10325.

Alber, D. and Staeheli, P. (1996) Partial inhibition of vesicular stomatitis virus by the interferon-induced human 9-27 protein. *J. Interferon Cytokine Res.*, **16**, 375-380.

Alcalay, M., Tomassoni, L., Colombo, E., Stoldt, S., Grignani, F., Fagioli, M., Szekely, L., Helin, K. and Pelicci, P.G. (1998) The promyelocytic leukemia gene product (PML) forms stable complexes with the retinoblastoma protein. *Mol. Cell. Biol.*, **18**, 1084-1093.

Alcami, A. and Smith, G.L. (1995) Vaccinia, cowpox, and camelpox viruses encode soluble gamma interferon receptors with novel broad species specificity. *J Virol*, **69**, 4633-9.

Altabef, M., Garcia, M., Lavau, C., Bae, S.C., Dejean, A. and Samarut, J. (1996) A retrovirus carrying the promyelocyte-retinoic acid receptor PML- RARalpha fusion gene transforms haematopoietic progenitors in vitro and induces acute leukaemias. *Embo J*, **15**, 2707-16.

Asano, K., Merrick, W. and Hershey, J. (1997)

The translation initiation factor eIF3-p48 subunit is encoded by int-6, a site of frequent integration by the mouse mammary tumor virus genome. *J. Biol. Chem.*, **272**, 23477-80.

Aune, T.M., Penix, L.A., Rincon, M.R. and Flavell, R.A. (1997) Differential transcription directed by discrete gamma interferon promoter elements in naive and memory (effector) CD4 T cells and CD8 T cells. *Mol Cell Biol*, **17**, 199-208.

Bach, E.A., Tanner, J.W., Marsters, S., Ashkenazi, A., Aguet, M., Shaw, A.S. and Schreiber, R.D. (1996) Ligand-induced assembly and activation of the gamma interferon receptor in intact cells. *Mol Cell Biol*, **16**, 3214-21.

Balachandran, S., Roberts, P.C., Kipperman, T., Bhalla, K.N., Compans, R.W., Archer, D.R. and Barber, G.N. (2000) Alpha/beta interferons potentiate virus-induced apoptosis through activation of the FADD/Caspase-8 death signaling pathway. *J Virol*, **74**, 1513-23.

Barnard, P. and McMillan, N.A. (1999) The human papillomavirus E7 oncoprotein abrogates signaling mediated by interferon-alpha. *Virology*, **259**, 305-13.

Beattie, E., Tattaglia, J. and Paoletti, E. (1991) Vaccinia virus eIF-2 alpha homologue abrogates the antiviral effects of interferon. *Virology*, **183**, 419-422.

Bell, P., Lieberman, P.M. and Maul, G.G. (2000) Lytic but not latent replication of Epstein-Barr virus is associated with PML and induces sequential release of nuclear domain 10 proteins. *J. Virol.*, **74**, 11800-11810.

Benkirane, M., Neuveut, C., Chun, R.F., Smith, S.M., Samuel, C.E., Gatignol, A. and Jeang, K.T. (1997) Oncogenic potential of TAR RNA binding protein TRBP and its regulatory interaction with RNA-dependent protein kinase PKR. *Embo J*, **16**, 611-24.

Bergeron, J., Mabrouk, T., Garzon, S. and Lemay, G. (1998) Characterization of the thermosensitive ts453 reovirus mutant: increased dsRNA binding of sigma 3 protein correlates with interferon resistance. *Virology*, **246**, 199-210.

Bergmann, M., Garcia-Sastre, A., Carnero, E., Pehamberger, H., Wolff, K., Palese, P. and Muster, T. (2000) Influenza virus NS1 protein counteracts PKR-mediated inhibition of replication. *J.virol*, **74**, 6203-6.

Bernstein, R.M., Neuberger, J.M., Bunn, C.C., Callender, M.E., Hughes, G.R. and Williams, R. (1984) Diversity of autoantibodies in primary biliary cirrhosis and chronic active hepatitis. *Clin Exp Immunol*, **55**, 553-60.

Bhattacharya, S., Eckner, R., Grossman, S., Oldread, E., Arany, Z., d'Andrea, A. and Livingston, D.M. (1996) Cooperation of Stat2 and p300/CBP in signalling induced by interferon-alpha. *Nature*, **383**, 344-347.

Bischof, O., Kirsh, O., Pearson, M., Itahana, K., Pelicci, P.G. and Dejean, A. (2002) Deconstructing PML-induced premature senescence. *Embo J*, **21**, 3358-3369.

Black, T.L., Barber, G.N. and Katze, M.G. (1993) Degradation of the interferon-induced 68,000-M(r) protein kinase by poliovirus requires RNA. *J.virol*, **67**, 791-800.

Bloch, D., Chiche, J., Orth, D., SM, d.l.M., Rosenzweig, A. and Bloch, K. (1999) Structural and fonctional heterogeneity of nuclear bodies. *Mol. Cell. Biol.*, **19**, 4423-30.

Bloch, D.B., de la Monte, S.M., Guigaouri, P., Filippov, A. and Bloch, K.D. (1996) Identification and characterization of a leukocyte-specific component of the nuclear body. *J. Biol. Chem.*, **271**, 29198-29204.

Bloch, D.B., Nakajima, A., Gulick, T., Chiche, J.D., Orth, D., de La Monte, S.M. and Bloch, K.D. (2000) Sp110 localizes to the PML-Sp100 nuclear body and may function as a nuclear hormone receptor transcriptional coactivator. *Mol. Cell. Biol.*, **20**, 6138-46.

Blondel, D., Regad, T., Poisson, N., Harper, F., de The, H. and Chelbi-Alix, M.K. (2002) P protein of Rabies virus disrupts PML NBs and relocates PML to the cytoplasm. *Oncogene*, **In press**.

Boddy, M.N., Howe, K., Etkin, L.D., Solomon, E. and Freemont, P.S. (1996) PIC 1, a novel ubiquitin-like protein which interacts with the PML component of a multiprotein complex that is disrupted in acute promyelocytic leukaemia. *Oncogene*, **13**, 971-82.

Boehm, U., Klamp, T., Groot, M. and Howard, J.C. (1997) Cellular responses to interferon-gamma. *Annu Rev Immunol*, **15**, 749-95.

Bogdan, C., Thuring, H., Dlaska, M., Rollinghoff, M. and Weiss, G. (1997) Mechanism of suppression of macrophage nitric oxide release by IL-13: influence of the macrophage population. *J Immunol*, **159**, 4506-13.

Bonilla, W.V., Pinschewer, D.D., klenerman, P., Rousson, V., Gaboli, M., Pandolfi, P., Zinkernagel, R.M., Salvato, M.S. and Hengartner, H. (2002) Effects of promyelocytic leukemia proein on virus-host balance. *J. Virol.*, **76**, 3810-18.

Borden, K.L., Boddy, M.N., Lally, J., O'Reilly, N.J., Martin, S., Howe, K., Solomon, E. and Freemont, P.S. (1995) The solution structure of the RING finger domain from the acute promyelocytic leukaemia proto-oncoprotein PML. *Embo J*, **14**, 1532-41.

Borden, K.L.B. (1997) The promyelocytic leukemia protein PML has a pro-apoptotic activity mediated through its ring domain. *FEBS Lett.*, **418**, 30-34.

Borden, K.L.B., Campbell-Dwyer, E.J. and Salvato, M.S. (1998) An arenavirus ring (zinc-binding) protein binds the oncoprotein promyelocyte leukemia protein (PML) and recolates PML nuclear bodies to the cytoplasm. *J. Virol.*, **72**, 758-766.

Borden, K.L.B. and Freemont, P.S. (1996) The RING finger domain: a recent example of a sequence-structure family. *Current Opin. Structur. Biol.*, **6**, 395-401.

Borden, K.L.B., Lally, J.M., Martin, S.R., O'Reilly, N.J., Solomon, E. and Freemont, P.S. (1996) In vivo and in vitro characterization of the B1 and B2 zinc-binding domains from the acute promyelocytic leukemia protoncoprotein PML. *Proc. Natl. Acad. Sci. USA*, **93**, 1601-1606.

Boudinot, P., Riffault, S., Salhi, S., Carrat, C., Sedlik, C., Mahmoudi, N., Charley, B. and Benmansour, A. (2000) Vesicular stomatitis virus and pseudorabies virus induce a vig1/cig5 homologue in mouse dendritic cells via different pathways. *J Gen Virol*, **81**, 2675-82.

Bourhy, H., Kissi, B. and Tordo, N. (1993) Molecular diversity of the Lyssavirus genus. *Virology*, **194**, 70-81.

Brand, S., Kobayashi, R. and Mathews, M. (1997) The Tat protein of human immunodeficiency virus type 1 is a substrate and inhibitor of the interferon-induced, virally activated protein kinase, PKR. *J.Biol. Chem.*, **1997**, 8388-95.

Brown, D., Kogan, S., Lagasse, E., Weissman, I., Alcalay, M., Pelicci, P.G., Atwater, S. and Bishop, J.M. (1997) A PML RAR alpha transgene initiates murine acute promyelocytic leukemia. *Proc. Natl. Acad. Sci. USA*, **94**, 2551-2556.

Bukrinsky, M.I., Sharova, N., Dempsey, M.P., Stanwick, T.L., Bukrinskaya, A.G., Haggerty, S. and Stevenson, M. (1992) Active nuclear import of human immunodeficiency virus type 1 preintegration complexes. *Proc Natl Acad Sci U S A*, **89**, 6580-4.

Buschle, M., Campana, D., Carding, S.R., Richard, C., Hoffbrand, A.V. and Brenner, M.K. (1993) Interferon gamma inhibits apoptotic cell death in B cell chronic lymphocytic leukemia. *J Exp Med*, **177**, 213-8.

Cai, R., Carpick, B., Chun, R., Jeang, K. and Willams, B. (2000) HIV-1 TAT inhibits PKR activity by both RNA-dependant and RNA-independant mechanisms. *Arch. Biochem. Biophys.*, **373**, 361-7.

Cao, T., Borden, K.L., Freemont, P.S. and Etkin, L.D. (1997) Involvement of the rfp tripartite motif in protein-protein interactions and subcellular distribution. *J Cell Sci*, **110**, 1563-71.

Carroll, K., Elroy-Stein, O., Moss, B. and Jagus, R. (1993) Recombinant vaccinia virus K3L gene product prevents activation of double-stranded RNA-dependent initiation factor 2 alpha-specific protein kinase. *J Biol Chem*, **268**, 12837-12842.

Carvalho, t., Seeler, J., Ohman, K., Jordan, P., Petterson, U., Akusjarvi, G., Carmo-Fonseca, M. and Dejean, A. (1995) Targeting of adenovirus E1A and E4-ORF3 proteins to nuclear matrix-associated PML bodies. *J. Biol. Cell.*, **131**, 45-56.

Cassady, K.A., Gross, M. and Roizman, B. (1998) The herpes simplex virus US11 protein effectively compensates for the gamma1(34.5) gene if present before activation of protein kinase R by precluding its phosphorylation and that of the alpha subunit of eukaryotic translation initiation factor 2. *J Virol*, **72**, 8620-6.

Cayley, P.J., Davies, J.A., McCullagh, K.G. and Kerr, I.M. (1984) Activation of the ppp(A2'p)nA system in interferon-treated, Herpes simplex virus-infected cells and evidence for novel inhibitors of the ppp(A2'p)nA-dependent RNase. *Eur. J. Biochem.*, **143**, 165-174.

Ceserman, E., Nador, R.G., Bai, F., Bohenzky, R.A., Russo, J.J., Moore, P.S., Chang, Y. and Knowles, D.M. (1996) Kaposi's sarcoma-associated herpesvirus contains G protein-coupled receptor and cyclin D homologs which are expressed in Kaposi's sarcoma and malignant lymphoma. *J Virol*, **70**, 8218-8223.

Chang, H.W. and Jacobs, B.L. (1993) Identification of a conserved motif that is necessary for binding of the vaccinia virus E3L gene product to dsRNA. *Virology*, **194**, 537-547.

Chang, H.Y., Nishitoh, H., Yang, X., Ichijo, H. and Baltimore, D. (1998) Activation of apoptosis signal-regulating kinase 1 (ASK1) by the adapter protein Daxx. *Science*, **281**, 1860-3.

Chang, H.Y., Yang, X. and Baltimore, D. (1999) Dissecting Fas signaling with an altered-specificity death-domain mutant: requirement of FADD binding for apoptosis but not Jun N- terminal kinase activation. *Proc Natl Acad Sci U S A*, **96**, 1252-6.

Chayama, K., Tsubota, A., Kobayashi, M., Okamoto, K., Hashimoto, M., Miyano, Y., Koike, H., Koida, I., Arase, Y., Saitoh, S., Suzuki, Y., Murashima, N., Ikeda, K. and Kumada, H. (1997) Pretreatment virus load and multiple amino acid substitutions in the interferon sensitivity-determining region predict the outcome of interferon treatment in patients with chronic genotype 1b hepatitis C virus infection. *Hepatology*, **25**, 745-9.

Chelbi-Alix, M.K. and de The, H. (1999) Herpes virus induces proteasome-dependent degradation of the nuclear bodies-associated PML and Sp100. *Oncogene*, **18**, 935-941.

Chelbi-Alix, M.K., Pelicano, L., Quignon, F., Koken, M.H.M. and de Thé, H. (1996) *PML is a primary target gene of interferon and could mediate some of its biological activities.*

Chelbi-Alix, M.K., Quignon, F., Pelicano, L., Koken, M.H.M. and de The, H. (1998) Resistance to virus infection conferred by the interferon-induced promyelocytic leukemia protein. *J. Virol.*, **72**, 1043-1051.

Chen, Z., Chen, G.Q., Shen, Z.X., Chen, S.J. and Wang, Z.Y. (2001) Treatment of acute promyelocytic leukemia with arsenic compounds: in vitro and in vivo studies. *Semin Hematol*, **38**, 26-36.

Cheng, G., Gross, M., Brett, M.E. and He, B. (2001) AlaArg motif in the carboxy terminus of the gamma(1)34.5 protein of herpes simplex virus type 1 is required for the formation of a hight-molecular-weight complex that dephosphorylates eIF-2 alpha. *J.virol*, **75**, 3666-75.

Chenik, M., Chebli, K. and Blondel, D. (1995) Translation initiation at alternate in-frame AUG codons in the rabies virus phosphoprotein mRNA is mediated by a ribosomal leaky scanning mechanism. *J. Virol.*, **69**, 707-12.

Chenik, M., Chebli, K., Gaudin, Y. and Blondel, D. (1994) In vivo interaction of rabies virus phosphoprotein (P) and nucleoprotein (N): existence of two N-binding sites on P protein. *J. Gen. Virol.*, **75**, 2889-96.

Chin, Y.E., Kitagawa, M., Kuida, K., Flavell, R.A. and Fu, X.Y. (1997) Activation of the STAT signaling pathway can cause expression of caspase 1 and apoptosis. *Mol Cell Biol*, **17**, 5328-37.

Chin, Y.E., Kitagawa, M., Su, W.C., You, Z.H., Iwamoto, Y. and Fu, X.Y. (1996) Cell growth arrest and induction of cyclin-dependent kinase inhibitor p21 WAF1/CIP1 mediated by STAT1. *Science*, **272**, 719-722.

Choubey, D. and Gutterman, J.U. (1997) Inhibition of EF2-4/DP-1-stimulated transcription by p202. *Oncogene*, **15**, 291-301.

Choubey, D. and Lengyel, P. (1995) Binding of an interferon-inducible protein (p202) to the retinoblasma protein. *Journal of Biological Chemistry*, **270**, 6134-6140.

Choubey, D., Li, S.J., Datta, B., Gutterman, J.U. and Lengyel, P. (1996) Inhibition of E2F-mediated transcription by p202. *Embo Journal*, **15**, 5668-5678.

Clarke, P.A., Schwemmle, M., Schickinger, J., Hilse, K. and Clemens, M.J. (1991) Binding of Epstein-Barr virus small RNA EBER-1 to the double-stranded RNA-activated protein kinase DAI. *Nucleic Acids Res*, **19**, 243-8.

Clarke, P.A., Sharp, N.A. and Clemens, M.J. (1990) Translational control by the Epstein-Barr virus small RNA EBER-1. Reversal of the double-stranded RNA-induced inhibition of protein synthesis in reticulocyte lysates. *Eur J Biochem*, **193**, 635-41.

Clemens, M.J. and Elia, A. (1997) The double-stranded RNA-dependent protein kinase PKR: structure and function. *J Interferon Cytokine Res*, **17**, 503-524.

Coccia, E.M., Romeo, G., Nissim, A., Marziali, G. (1990) A full-length 2-5A synthetase cDNA transfected in NIH- 3T3 Cells inairs EMCV but not VSV replication. *Virology*, **179**, 228-233.

Colamonici, O., Yan, H., Domanski, P., Handa, R., Smalley, D., Mullersman, J., Witte, M., Krishnan, K. and Krolewski, J. (1994) Direct binding to and tyrosine phosphorylation of the alpha subunit of the type I interferon receptor by p135 tyk2 tyrosine kinase. *Mol. Cell. Biol.*, **14**, 8133-8142.

Constantoulakis, P., Josephson, B., Mangahas, L., Papayannopoulou, T., Enver, T., Costantini, F. and Stamatoyannopoulos, G. (1991) Locus control region-A gamma transgenic mice: a new model for studying the induction of fetal hemoglobin in the adult. *Blood*, **77**, 1326-33.

Croen, K.D. (1993) Evidence for antiviral effect of nitric oxide. Inhibition of herpes simplex virus type 1 replication. *J Clin Invest*, **91**, 2446-52.

Cuddihy, A., Li, S., Wai Ning Tam, N., Hoi-Tao Wong, A., Taya, Y., Abraham, N., Bell, J. and Koromilas, A. (1999) Double-Stranded-RNA-activated protein kinase enhances transcriptional activation by tumor suppressor p53. *Mol. Cell Biol.*, **19**, 2475-84.

D'Orazi, G., Cecchinelli, B., Bruno, T., Manni, I., Higashimoto, Y., Saito, S., Gostissa, M., Coen, S., Marchetti, A., Del Sal, G., Piaggio, G., Fanciulli, M., Appella, E. and Soddu, S. (2002) Homeodomain-interacting protein kinase-2 phosphorylates p53 at Ser 46 and mediates apoptosis. *Nat Cell Biol*, **4**, 11-9.

Dahl, J., Freund, R., Blenis, J. and Benjamin, T.L. (1996) Studies of partially transforming polyomavirus mutants establish a role for phosphatidylinositol 3-kinase in activation of pp70 S6 kinase. *Mol Cell Biol*, **16**, 2728-35.

Dalton, D.K., Pitts-Meek, S., Keshav, S., Figari, I.S., Bradley, A. and Stewart, T.A. (1993) Multiple defects of immune cell function in mice with disrupted interferon-gamma genes. *Science*, **259**, 1739-1742.

Davies, M.V., Chang, H.W., Jacobs, B.L. and Kaufman, R.J. (1993) The E3L and K3L vaccinia virus gene products stimulate translation through inhibition of PKR by different mechanisms. *Journal of Virology*, **67**, 1688-1692.

Davies, M.V., Elroy-Stein, O., Jagus, R., Moss, B. and Kaufman, R.J. (1992) Vaccinia virus K3L gene product potentiates translation by inhibiting double-stranded RNA-activated protein kinase and phorylation of the alpha subunit of eukaryotic initiation factor 2. *Journal of Virology*, **66**, 1943-1950.

Day, M., Roden, R., Lowy, D. and Schiller, J. (1998) The papillomavirus minor capsid protein L2 induces localization of the major capsid protein L1 and the viral transcription/replication protein E2 to PML oncogenic domains. *J. Virol.*, **72**, 142-50.

de Thé, H., Lavau, C., Marchio, A., Chomienne, C., Degos, L. and Dejean, A. (1991) The PML-RAR alpha fusion mRNA generated by the t(15;17) translocation in acute promyelocytic leukemia encodes a functionally altered RAR. *Cell*, **66**, 675-84.

Delenda, C., Hausmann, S., Garcin, D. and Kolakofsky, D. (1997) Normal cellular replication of Sendai virus without the trans-frame, nonstructural V protein. *Virology*, **228**, 55-62.

Dent, A.L., Yewdell, J., Puvion-Dutilleul, F., Koken, M.H.M., de Thé, H. and Staudt, L.M. (1996) LYSP100-associated nuclear domains (LANDs) : description of a new class of subnuclear structures and their relationship to PML nuclear bodies. *Blood*, **88**, 1423-1436.

Desai, K., Loewenstein, P.M. and Green, M. (1991) Isolation of a cellular protein that binds to the human immunodeficiency virus Tat protein and can potentiate transactivation of the viral promoter. *Proc Natl Acad Sci U S A*, **88**, 8875-9.

Desbois, C., Rousset, R., Bantignies, F. and Jalinot, P. (1996) Exclusion of Int-6 from PML nuclear bodies by binding to the HTLV-1 Tax oncoprotein. *Science*, **273**, 951-3.

Desterro, J.M., Rodriguez, M.S., Kemp, G.D. and Hay, R.T. (1999) Identification of the enzyme required for activation of the small ubiquitin-like protein SUMO-1. *J Biol Chem*, **274**, 10618-24.

Diaz-Guerra, M., Rivas, C. and Esteban, M. (1997) Activation of the IFN-inducible enzyme RNase L causes apoptosis of animal cells. *Virology*, **236**, 354-63.

Didcock, L., Young, D.F., Goodbourn, S. and Randall, R.E. (1999a) Sendai virus and simian virus 5 block activation of interferon-responsive genes: importance for virus pathogenesis. *Journal of Virology*, **73**, 3125-3133.

Didcock, L., Young, D.F., Goodbourn, S. and Randall, R.E. (1999b) The V protein of Simian Virus 5 inhibits Interferon Signalling by Targeting STAT1 for Proteasome-Mediated Degradation. *Journal of Virology*, 9928-9933.

Diefenbach, A., Schindler, H., Donhauser, N., Lorenz, E., Laskay, T., MacMicking, J., Rollinghoff, M., Gresser, I. and Bogdan, C. (1998) Type 1 interferon (IFNalpha/beta) and type 2 nitric oxide synthase regulate the innate immune response to a protozoan parasite. *Immunity*, **8**, 77-87.

Dighe, A.S., Campbell, D., Hsieh, C.S., Clarke, S., Greaves, D.R., Gordon, S., Murphy, K.M. and Schreiber, R.D. (1995) Tissue-specific targeting of cytokine unresponsiveness in transgenic mice. *Immunity*, **3**, 657-666.

Doucas, V., Ishov, A.M., Romo, A., Juguilon, H., Weitzman, M.D., Evans, R.M. and Maul, G.G. (1996) Adenovirus replication is coupled with the dynamic properties of the PML nuclear structure. *Genes Dev*, **10**, 196-207.

Doucas, V., Tini, M., Egan, D. and Evans, R. (1999) Modulation of CREB binding protein function by the promyelocytic (PML) oncoprotein suggests a role for nuclear bodies in hormone signaling. *Proc. Natl. Acad. Sci.*, **96**, 2627-32.

Du, W., Thanos, D. and Maniatis, T. (1993) Mechanisms of transcriptional synergism between distinct virud-inducible enhancer elements. *Cell*, **74**, 887-898.

Duprez, E., Saurin, A.J., Desterro, J.M., Lallemand-Breitenbach, V., Howe, K., Boddy, M.N., Solomon, E., de Thé, H., Hay, R.T. and Freemont, P.S. (1999) SUMO-1 modification of the acute promyelocytic leukaemia protein PML: implications for nuclear localisation. *J. Cell Sci.*, **112**, 381-393.

Enders, J. and Peebles, T. (1954) Propagation in tissue culture of cutopathogenic agents from patients with measles. *Proc. Soc. Exp. Biol. Med.*, **86**, 277-287.

Enomoto, N., Sakuma, I., Asahina, Y., Kurosaki, M., Murakami, T., Yamamoto, C., Izumi, N., Marumo, F. and Sato, C. (1995) Comparison of full-length sequences of interferon-sensitive and resistant hepatitis C virus 1b. Sensitivity to interferon is conferred by amino acid substitutions in the NS5A region. *J Clin Invest*, **96**, 224-30.

Epperson, D.E., Arnold, D., Spies, T., Cresswell, P., Pober, J.S. and Johnson, D.R. (1992) Cykotines increase transporter in antigen processing-I expression more rapidly than HLA class I expression in endothelial cells. *Journal of Immunity*, **149**, 3297-3301.

Erlwein, O. and Rethwilm, A. (1993) BEL-1 transactivator responsive sequences in the long terminal repeat of human foamy virus. *Virology*, **196**, 256-68.

Everett, R.D., Freemont, P., Saitoh, H., Dasso, M., Orr, A., Kathoria, M. and Parkinson, J. (1998) The disruption of ND10 during herpes simplex virus infection correlates with the Vmw110- and proteasome-dependent loss of several PML isoforms. *J Virol*, **72**, 6581-91.

Fagioli, M., Alcalay, M., Pandolfi, P.P., Venturini, L., Mencarelli, A., Simeone, A., Acampora, D., Grignani, F. and Pelicci, P.G. (1992) Alternative splicing of PML transcripts predicts coexpression of several carboxy-terminally different protein isoforms. *Oncogene*, **7**, 1083-1091.

Fagioli, M., Alcalay, M., Tomassoni, L., Ferrucci, P.F., Mencarelli, A., Riganelli, D., Grignani, F., Pozzan, T., Nicoletti, I., Grignani, F. and Pelicci, P.G. (1998) Cooperation between the Ring+B1-B2 and coiled-coil domains of PML is necessary for its effects on cell survival. *Oncogene*, **16**, 2905-2913.

Falcon, A.M., Fortes, P., Marion, R.M., Beloso, A. and Ortin, J. (1999) Interaction of influenza virus NS1 protein and the human homologue of Staufen in vivo and in vitro. *Nucleic Acids Res*, **27**, 2241-2247.

Farrell, H.E., Vally, H., Lynch, D.M., Fleming, P., Shelam, G.R., Scalzo, A.A. and Davis-Poynter, N.J. (1997) Inhibition of natural killer cells by a cytomegalovirus MHC class I homologue in vivo. *Nature*, **386**, 510-514.

Ferbeyre, G., de Stanchina, E., Querido, E., Baptiste, N., Prives, C. and Lowe, S.W. (2000) PML is induced by oncogenic ras and promotes premature senescence. *Genes Dev.*, **14**, 2015-2027.

Flesch, I.E., Hess, J.H., Huang, S., Aguet, M., Rothe, J., Bluethman, H. and Kaufman, S.H. (1995) Early interleukin 12 production by macrophages in response to mycobacterial infection depends on interferon gamma and tumor necrosis factor alpha. *Journal of Experimental Medicine*, **181**, 1615-1621.

Flugel, R.M., Rethwilm, A., Maurer, B. and Darai, G. (1987) Nucleotide sequence analysis of the env gene and its flanking regions of the human spumaretrovirus reveals two novel genes. *Embo J*, **6**, 2077-84.

Fogal, V., Gostissa, M., Sandy, P., Zacchi, P., Sternsdorf, T., Jensen, K., Pandolfi, P.P., Will, H., Schneider, C. and Del Sal, G. (2000) Regulation of p53 activity in nuclear bodies by a specific PML isoform. *EMBO J.*, **19**, 6185-6195.

Foss, G.S. and Prydz, H. (1999) Interferon Regulatory Factor 1 Mediates the Interferon-Induction of the Human Immunoproteasome Subunit Multicatalytic Endopeptidase Complex-like. *J. Biol. Chem.*, **274**, 35196-202.

Frese, M., Kochs, G., Feldmann, H., Hertkorn, C. and Haller, O. (1996) Inhibition of bunyaviruses, phleboviruses and hantaviruses by human MxA protein. *Journal of Virology*, **70**, 915-923.

Frese, M., Kochs, G., Meier-Dieter, U., Siebler, J. and Haller, O. (1995) Human MxA protein onhibits tick-borne Thogoto but not Dhori virus. *Journal of Virology*, **69**, 3904-3909.

Frese, M., Weeber, M., Weber, F., Speth, V. and Haller, O. (1997) Mx1 sensitivity: Batken virus is an orthomyxovirus closely related to Dhori virus. *Journal of Virology*, **78**, 2453-2458.

Freund, R., Bauer, P.H., Crissman, H.A., Bradbury, E.M. and Benjamin, T.L. (1994) Host range and cell cycle activation properties of polyomavirus large T- antigen mutants defective in pRB binding. *J Virol*, **68**, 7227-34.

Furukawa, Y., Iwase, S., Kikuchi, J., Nakamura, M., Yamada, H. and Matsuda, M. (1999) Transcriptional repression of the E2F-1 gene by interferon-alpha is mediated through induction of E2F-4/pRB and E2F-4/p130 complexes. *Oncogene*, **18**, 2003-2014.

Gale, M.J.J., Korth, M.J. and Katze, M.G. (1998) Repression of the PKR protein kinase by the hepatitis C virus NS5A protein: a potential mechanism of interferon resistance. *Clin.Diag.Virol*, **10**, 157-62.

Gale, M.J.J., Kwieciszewski, B., Dossett, M., Nakao, H. and Katze, M.G. (1999) Antiapoptotic and oncogenic potentials of hepatitis C virus are linked to interferon resistance by viral repression of the PKR protein kinase. *J.Virol*, **73**, 6506-16.

Garcin, D., Latorre, P. and Kolakofsky, D. (1999) Sendai Virus C Proteins Counteract the Interferon-Mediated Induction of an Antiviral State. *Journal of Virology*, **73**, 6559-6565.

Gartel, A.L., Serfas, M.S. and Tyner, A.L. (1996) p21--negative regulator of the cell cycle. *Proc Soc Exp Biol Med*, **213**, 138-49.

Gatignol, A., Buckler-White, A., Berkhout, B. and Jeang, K.T. (1991) Characterization of a human TAR RNA-binding protein that activates the HIV-1 LTR. *Science*, **251**, 1597-600.

George, C.X., Thomis, D.C., McCormack, S.J., Svahn, C.M. and Samuel, C.E. (1996) Characterization of the heparin-mediated activation of PKR, the interferon-inducible RNA-dependent protein kerase. *Virology*, **221**, 180-188.

Giaccia, A.J. and Kastan, M.B. (1998) The complexity of p53 modulation: emerging patterns from divergent signals. *Genes Dev*, **12**, 2973-83.

Giantini, M. and Shatkin, A.J. (1989) Stimulation of chloramphenicol acetyltransferase mRNA translation by reovirus capsid polypeptide sigma 3 in cotransfected COS cells. *J Virol*, **63**, 2415-21.

Gibson, T.J., Ramu, C., Gemund, C. and Aasland, R. (1998) The APECED polyglandular autoimmune syndrome protein, AIRE-1, contains the SAND domain and is probably a transcription factor. *Trends Biochem Sci*, **23**, 242-4.

Giorgino, F., de Robertis, O., Laviola, L., Montrone, C., Perrini, S., McCowen, K.C. and Smith, R.J. (2000) The sentrin-conjugating enzyme mUbc9 interacts with GLUT4 and GLUT1 glucose transporters and regulates transporter levels in skeletal muscle cells. *Proc Natl Acad Sci U S A*, **97**, 1125-30.

Goddard, A.D., Borrow, J., Freemont, P.S. and Solomon, E. (1991) Characterization of a zinc finger gene disrupted by the t(15; 17) in acute promyelocytic leukemia. *Science*, **254**, 1371-1374.

Goebel, S.J., Johnson, G.P., Perkus, M.E., Davis, S.W., Winslow, J.P. and Paoletti, E. (1990) The complete sequence of vaccinia virus. *Virology*, **179**, 247-266.

Gong, L., Kamitani, T., Fujise, K., Caskey, L.S. and Yeh, E.T. (1997) Preferential interaction of sentrin with a ubiquitin-conjugating enzyme, Ubc9. *J Biol Chem*, **272**, 28198-201.

Gong, L., Li, B., Millas, S. and Yeh, E.T. (1999) Molecular cloning and characterization of human AOS1 and UBA2, components of the sentrin-activating enzyme complex. *FEBS Lett*, **448**, 185-9.

Gongora, C., David, G., Pintard, L., Tissot, C., Hua, T.D., Dejean, A. and Mechti, N. (1997) Molecular cloning of a new interferon-induced PML nuclear body-associated protein. *J. Biol. Chem.*, **272**, 19457-19463.

Gongora, C., Degols, G., Espert, L., Hua, TD., Mechti, N. (2000) A unique ISRE, in the TATA-less human Isg20 promoter, confers IRF-1-mediated responsiveness to both interferon type I and type II. Nucleic Acids Res., 28, 2333-41

Goodbourn, S., Didcock, L. and Randall, R. (2000) Interferons : cell signalling, immune modulation, antiviral responses and virus coutermeasures. *J. Gen. Virol.*, **81**, 2341-64.

Gotoh, B., Takeuchi, K., Komatsu, T., Yokoo, J., Kimura, Y., Kurotani, A., Kato, A. and Nagai, Y. (1999) Knockout of the Sendai virus C gene eliminates the viral ability to prevent the interferon-alpha/beta-mediated responses. *FEBS*, **459**, 205-210.

Grawunder, U., Melchers, F. and Rolink, A. (1993) Interferon-gamma arrests proliferation and causes apoptosis in stromal cell/interleukin-7-dependent normal murine pre-B cell lines and clones in vitro, but does not induce differentiation to surface immunoglobulin- positive B cells. *Eur J Immunol*, **23**, 544-51.

Grisolano, J.L., Wesselschmidt, R.L., Pelicci, P.G. and Ley, T.J. (1997) Altered myeloid development and acute leukemia in transgenic mice expressing PML-RAR alpha under control of cathepsin G regulatory sequences. *Blood*, **89**, 376-87.

Grötzinger, T., Jensen, K. and Will, H. (1996) The interferon (IFN)-stimulated gene Sp100 promoter contains an IFN-g activation site and an imperfect IFN-stimulated response element which mediate type I IFN inducibility. *J. Biol. Chem.*, **271**, 25253-60.

Gu, W. and Roeder, R.G. (1997) Activation of p53 sequence-specific DNA binding by acetylation of the p53 C-terminal domain. *Cell*, **90**, 595-606.

Guldner, H., Szostecki, C., Grotzinger, T. and Will, H. (1992) IFN enhances expression of Sp100, an autoantigen in primary biliary cirrhosis. *J. Immunol.*, **149**, 4067-4073.

Gunnery, S., Rice, A.P., Robertson, H.D. and Mathews, M.B. (1990) Tat-responsive region RNA of human immunodeficiency virus 1 can prevent activation of the double-stranded-RNA-activated protein kinase. *Proc. Natl. Acad. Sci. U.S.A*, **87**, 8687-91.

Guo, A., Salomoni, P., Luo, J., Shih, A., Zhong, S., Gu, W. and Paolo Pandolfi, P. (2000) The function of PML in p53-dependent apoptosis. *Nat. Cell Biol.*, **2**, 730-736.

Guo, J. and Sen, G. (2000)

Characterization of the Interaction between the Interferon-Induced Protein P56 and the Int6 Protein Encoded by a Locus of Insertion of the Mouse Mammary Tumor Virus. *J. Virol.*, **74**, 1892-99.

Gutterman, J.U. and Choubey, D. (1999) Retardation of cell proliferation after expression of p202 accompanies an increase in p21(WAF1/CIP1). *Cell Growth and Differentiation*, **10**, 93-100.

Haller, O., Frese, M., Rost, D., Nuttall, P.A. and Kochs, G. (1995) Tickborne Thogoto virus infection in mice is inhibited by the orthomyxovvirus resistance gene product Mx1. *Journal of Virology*, **69**, 2596-2601.

Harada, H., Taniguchi, T. and Tanaka, N. (1998) The role of interferon regulatory factors in the interferon system and cell growth control. *Biochimie*, **80**, 641-50.

Harper, J.W., Adami, G.R., Wei, N., Keyomarsi, K. and Elledge, S.J. (1993) The p21 Cdk-interacting protein Cip1 is a potent inhibitor of G1 cyclin- dependent kinases. *Cell*, **75**, 805-16.

Hassel, B.A., Zhou, A., Sotomayor, C., Maran, A. and Silverman, R.H. (1993) A dominant negative mutant of 2-5A-dependent RNase suppresses antiproliferative and antiviral effects of interferon. *EMBO J.*, **12**, 3297-3304.

Hauber, J., Perkins, A., Heimer, E.P. and Cullen, B.R. (1987) Trans-activation of human immunodeficiency virus gene expression is mediated by nuclear events. *Proc Natl Acad Sci U S A*, **84**, 6364-8.

He, B., Chou, J., Brandimarti, R., Mohr, I., Gluzman, Y. and Roizman, B. (1997) Suppression of the phenotype of gamma(1)34.5- herpes simplex virus 1: failure of activated RNA-dependent protein kinase to shut off protein synthesis is associated with a deletion in the domain of the alpha47 gene. *J Virol*, **71**, 6049-54.

He, F., Blair, W.S., Fukushima, J. and Cullen, B.R. (1996) The human foamy virus bel-1 transcription factor is a sequence-specific DNA binding protein. *J. Virol.*, **70**, 3902-3908.

Heim, M.H., Moradpour, D. and Blum, H.E. (1999) Expression of hepatitis C virus proteins inhibits signal tranduction through the Jak-Stat pathway. *Journal of Virology*, **73**, 8469-75.

Hickman, E.S., Moroni, M.C. and Helin, K. (2002) The role of p53 and pRB in apoptosis and cancer. *Curr Opin Genet Dev*, **12**, 60-6.

Hill, C.L., Bieniasz, P.D. and McClure, M.O. (1999) Properties of human foamy virus relevant to its development as a vector for gene therapy. *J Gen Virol*, **80**, 2003-9.

Hiscott, J., Pitha, P., Genin, P., Nguyen, H., Heylbroeck, C., Mamane, Y., Algarte, M. and Lin, R. (1999) Triggering the interferon response: the role of IRF-3 transcription factor. *J Interferon Cytokine Res*, **19**, 1-13.

Ho, C.K. and Shuman, S. (1996) Mutational analysis of the vaccinia virus E3 protein defines amino acid residues involved in E3 binding to double-stranded RNA. *J Virol*, **70**, 2611-4.

73

Hofmann, T., Moller, A., Sirma, H., Zentgraf, H., Taya, Y., Droge, W., Will, H. and Schmitz, M. (2002) Regulation of p53 activity by its interaction with homeodomain-interacting protein kinase-2. *Nat Cell Biol*, **4**, 1-10.

Horvai, A.E., Xu, L., Korzus, E., Brard, G., Kalafus, D., Mullen, T.M., Rose, D.W., Rosenfeld, M.G. and Glass, C.K. (1997) Nuclear integration of JAK/STAT and Ras/AP-1 signaling by CBP and p300. *Proc Natl Acad Sci U S A*, **94**, 1074-9.

Hsieh, C.S., Macatonia, S.E., Tripp, C.S., Wolf, S.F., O'Garra, A. and Murphy, K.M. (1993) Development of TH1 CD4 + T cells through IL-12 produced by Listeria-induced macrophages. *Science*, **260**, 547-549.

Huang, M., Ye, Y., Chen, R., Chai, J., Lu, J., Zhoa, L., Gu, L. and Wang, Z. (1988) Use of all trans retinoic acid in the treatment of acute promyelocytic leukaemia. *Blood*, **72**, 567-572.

Huang, S., Hendriks, W., Althage, A., Hemmi, S., Bluethmann, H., Kamijo, R., Vilcek, J., Zinkernagel, R.M. and Aguet, M. (1993) Immune response in mice that lack the interferon-gamma receptor. *Science*, **259**, 1742-1745.

Iordanov, M., Paranjape, J., Zhou, A., Wong, J., Williams, B., Meurs, E., Silverman, R. and Magun, B. (2000) Activation of p38 mitogen-activated protein kinase and c-Jun NH2 termian kinase by double stranded RNA and encephalo-myocarditis virus: involvement of RNase L, protein kinase R, and alternative pathways. *Mol. Cell Biol.*, **20**, 617-27.

Isaacs, A. and Lindenmann, J. (1957) Virus interference. I. The Interferon. *Proc Roy Soc London B*, **147**, 258-267.

Ishov, A., Sotnikov, A., Negorev, D., Vladimirova, O., Neff, N., Kamitani, T., Yeh, E., Strauss III, J. and Maul, G. (1999) PML is critical for ND10 formation and recruits the PML-interacting protein Daxx to this nuclear structure when modified by SUMO-1. *J. Cell Biol.*, **147**, 221-3.

Iwase, S., Furukawa, Y., Kikuchi, J., Nagai, M., Terui, Y., Nakamura, M. and Yamada, H. (1997) Modulation of E2F activity is linked to interferon-induced growth suppression of hematopoietic cells. *J Biol Chem*, **272**, 12406-14.

Jacob, Y., Badrane, H., Ceccaldi, P.E. and Tordo, N. (2000) Cytoplasmic dynein LC8 interacts with lyssavirus phosphoprotein. *J Virol*, **74**, 10217-22.

Jacobs, B.L. and Langland, J.O. (1996) When two strands are better than one: the mediators and modulators of the cellular responses to double-stranded RNA. *Virology*, **219**, 339-49.

Jagus, R. and Gray, M.E. (1994) Proteins that interact with PKR. *Biochimie (Paris)*, **76**, 77-9-791.

Jeang, K.T., Chun, R., Lin, N.H., Gatignol, A., Glabe, C.G. and Fan, H. (1993) In vitro and in vivo binding of human immunodeficiency virus type 1 Tat protein and Sp1 transcription factor. *J Virol*, **67**, 6224-33.

Jensen, K., Shiels, C. and Freemont, P.S. (2001) PML protein isoforms and the RBCC/TRIM motif. *Oncogene*, **20**, 7223-33.

Jiang, W.Q., Szekely, L., Wendel-Hansen, V., Ringertz, N., Klein, G. and Rosen, A. (1991) Co-localization of the retinoblastoma protein and the Epstein-Barr virus-encoded nuclear antigen EBNA-5. *Exp Cell Res*, **197**, 314-8.

Joazeiro, C.A. and Weissman, A.M. (2000) RING finger proteins: mediators of ubiquitin ligase activity. *Cell*, **102**, 549-52.

Johnson, E.S. and Blobel, G. (1999) Cell cycle-regulated attachment of the ubiquitin-related protein SUMO to the yeast septins. *J Cell Biol*, **147**, 981-94.

Joyce, G.F. (1994) In vitro evolution of nucleic acids. *Curr Opin Struct Biol*, **4**, 331-6.

Kakizuka, A., Miller, W., Jr., Umesono, K., Warrell, R., Jr., Frankel, S.R., Murty, V.V., Dmitrovsky, E. and Evans, R.M. (1991) Chromosomal translocation t(15; 17) in human acute promyelocytic leukemia fuses RAR alpha with a novel putative transcription factor, PML. *Cell*, **66**, 663-74.

Kanda, K., Decker, T., Aman, P., Wahlstrom, M., von Gabain, A. and Kallin, B. (1992) The EBNA-2 related resistance towards alpha interferon (IFN alpha) in Burkitt's lymphoma cells effects induction of IFN-induced genes but not the activation of transcription factor ISGF-3. *Molecular and Cellular Biology*, **12**, 4930-4936.

Kanerva, M., Melen, K., Vaheri, A. and Julkunen, I. (1996) Inhibition of puumala and tula hantaviruses in Vero cells by MxA protein. *Virology*, **224**, 55-62.

Kaplan, D.H., Greenlund, A.C., Tanner, J.W., Shaw, A.S. and Schreiber, R.D. (1996) Identification of an interferon-gamma receptor alpha chain sequence required for JAK-1 binding. *J Biol Chem*, **271**, 9-12.

Karupiah, G., Xie, Q.-W., Buller, R.M.L., Nathan, C., Duarte, C. and MacMicking, J.D. (1993) Inhibition of viral replication by interferon-gamma-induced nitric oxide synthase. *Science*, **261**, 1445-1448.

Kaser, A., Enrich, B., Ludwiczek, O., Vogel, W. and Tilg, H. (1999) Interferon-α (IFNα) enhances cytotoxicity in healthy volunteers and chronic hepatitis C infection mainly by the perforin pathway. *Clinical and Experimental Immunology*, **118**, 71-77.

Kashanchi, F., Piras, G., Radonovich, M.F., Duvall, J.F., Fattaey, A., Chiang, C.M., Roeder, R.G. and Brady, J.N. (1994) Direct interaction of human TFIID with the HIV-1 transactivator tat. *Nature*, **367**, 295-9.

Kastner, P. and Chan, S. (2001) Function of RARalpha during the maturation of neutrophils. *Oncogene*, **20**, 7178-85.

Kato, A., Kiyotani, K., Sakai, Y., Yoshida, T. and Nagai, Y. (1997) The paramyxovirus, Sendai virus, V protein encodes a luxury function required for viral pahtogenesis. *Embo J*, **16**, 578-587.

Katze, M.G., Wambach, M., Wong, M.L., Garfinkel, M., Meurs, E., Chong, K., Williams, B.R., Hovanossian, A.G. and Barber, G.N. (1991) Functional expression of RNA binding analysis of the interferon-induced, double-stranded RNA-activated, 68,000-M, protein kinase in a cell-free system. *Molecular and Cellular Biology*, **11**, 5497-5505.

Keh-Cheng, C. and Cresswell, P. (2001) Viperin (cig 5), an IFN inducible antiviral protein directly induced by human cytomegalovirus. *Proc Natl Acad Sci*, **98**, 15125-15130.

Kentsis, A., Dwyer, E.C., Perez, J.M., Sharma, M., Chen, A., Pan, Z.Q. and Borden, K.L. (2001) The RING domains of the promyelocytic leukemia protein PML and the arenaviral protein Z repress translation by directly inhibiting translation initiation factor eIF4E. *J Mol Biol*, **312**, 609-23.

Kerr, I.M. and Brown, R.E. (1978) pppA2' p5' A2' p5' A: an inhibitor of protein synthesis synthesized with an enzyme fraction from interferon-treated cells. *Proceedings of the National Academy of Sciences, USA*, **75**, 256-260.

Kingsmore, S.F., Snoddy, J., Choubey, D., Lengyel, P. and Seldin, M.F. (1989) Physical mapping of a family of interferon-activated genes, serum amyloid P-component, and alpha-spectrin on mouse chromosome 1. *Immunogenetics*, **30**, 169-174.

Kirch, H.C., Putzer, B., Brockmann, D., Esche, H. and Kloke, O. (1997) Formation of the early-region-2 transcription-factor-1-retinoblasma-protein (E2F-1-RB) transrepressor and release of the retroblasma protein from nuclear complexes containing cyclin A is induced by interferon alpha in U937V cells but not in interferon-alpha-resistant U937VR cells. *European Journal of Biochemistry*, **246**, 736-744.

Knutson, J.C. (1990) The level of c-fgr RNA is increased by EBNA-2, an Epstein-Barr virus gene required for B-cell immortalization. *J Virol*, **64**, 2530-6.

Koken, M.H.M., Puvion-Dutilleul, F., Guillemin, M.C., Viron, A., Linares-Cruz, G., Stuurman, N., de Jong, L., Szostecki, C., Calvo, F., Chomienne, C., Degos, L., Puvion, E. and de Thé, H. (1994) The t(15;17) translocation alters a nuclear body in a RA-reversible fashion. *EMBO J.*, **13**, 1073-1083.

Komatsu, T., Takeuchi, K., Yokoo, J., Tanaka, Y. and Gotoh, B. (2000) Sendai Virus Blocks Alpha Interferon Signalling to Signal Transducers and Activators of Transcription. *Journal of Virology*, **74**, 2477-2480.

Kotenko, S.V., Izotova, L.S., Pollack, B.P., Mariano, T.M., Donnelly, R.J., Muthukumaran, G., Cook, J.R., Garotta, G., Silvennoinen, O., Ihle, J.N. and et, a. (1995) Interaction between the components of the interferon gamma receptor complex. *J Biol Chem*, **270**, 20915-21.

Kumar, A., Yang, Y.L., Flati, V., Der, S., Kadereit, S., Deb, A., Haque, J., Reis, L., Weissmann, C. and Williams, B.R. (1997) Deficient cytokine signaling in mouse embryo fibroblasts with a targeted deletion in the PKR gene: role of IRF-1 and NF-kappaB. *EMBO J*, **16**, 406-16.

Kurosaki, M., Enomoto, N., Murakami, T., Sakuma, I., Asahina, Y., Yamamoto, C., Ikeda, T., Tozuka, S., Izumi, N., Marumo, F. and Sato, C. (1997) Analysis of genotypes and amino acid residues 2209 to 2248 of the NS5A region of hepatitis C virus in relation to the response to interferon- beta therapy. *Hepatology*, **25**, 750-3.

Lallemand-Breitenbach, V., Zhu, J., Puvion, F., Koken, M., Honore, N., Doubeikovsky, A., Duprez, E., Pandolfi, P.P., Puvion, E., Freemont, P. and de The, H. (2001) Role of promyelocytic leukemia (PML) sumolation in nuclear body formation, 11S proteasome recruitment, and As2O3-induced PML or PML/retinoic acid receptor alpha degradation. *J Exp Med*, **193**, 1361-71.

Lamb, R.A. and Kolakofsky, D. (1996) Paramyxoviridae : the viruses and their replication. *Virology*, 1177-1204.

Landis, H., Simon-Jodicke, A., Kloti, A., Di Paolo, C., Schnorr, J.J., Schneider-Schaulies, S., Hefti, H.P. and Pavlovic, J. (1998) Human MxA protein confers resistance to Semliki

Forest virus and inhibits the amplification of a Semliki Forest virus-based replicon in the absence of viral stuctural proteins. *Journal of Virology*, **72**, 1516-1522.

Lavau, C., Marchio, A., Fagioli, M., Jansen, J., Falini, B., Lebon, P., Grosveld, F., Pandolfi, P.P., Pelicci, P.G. and Dejean, A. (1995) The acute promyelocytic leukaemia-associated PML gene is induced by interferon. *Oncogene*, **11**, 871-876.

Le Douarin, B., Nielsen, A.L., Garnier, J.M., Ichinose, H., Jeanmougin, F., Losson, R. and Chambon, P. (1996) A possible involvement of TIF1 alpha and TIF1 beta in the epigenetic control of transcription by nuclear receptors. *Embo J*, **15**, 6701-15.

Le, X.F., Vallian, S., Mu, Z.M., Hung, M.C. and Chang, K.S. (1998) Recombinant PML adenovirus suppresses growth and tumorigenicity of human breast cancer cells by inducing G1 cell cycle arrest and apoptosis. *Oncogene*, **16**, 1839-49.

Lecellier, C.H. and Saib, A. (2000) Foamy viruses: between retroviruses and pararetroviruses. *Virology*, **271**, 1-8.

Lee, G.W., Melchior, F., Matunis, M.J., Mahajan, R., Tian, Q. and Anderson, P. (1998) Modification of Ran GTPase-activating protein by the small ubiquitin- related modifier SUMO-1 requires Ubc9, an E2-type ubiquitin-conjugating enzyme homologue. *J Biol Chem*, **273**, 6503-7.

Lee, S.B., Rodriguez, D., Rodriguez, J.R. and Esteban, M. (1997) The apoptosis pathway triggered by the interferon-induced protein kinase PKR requires the third basic domain, initiates upstream of Bcl- 2, and involves ICE-like proteases. *Virology*, **231**, 81-8.

Lembo, D., Angeretti, A., Benefazio, S., Hertel, L., Gariglio, M., Novelli, F. and Landolfo, S. (1995) Constitutive expression of the interferon-inducible protein p202 in NIH 3T3 cells affects cell cycle progression. *Journal of Biological Regulators and Homostatic Agents*, **9**, 42-46.

Lewin, A.R., Reid, L.E., McMahon, M., Stark, G.R. and Kerr, I.M. (1991) Molecular analysis of a human interferon-inducible gene family. *Eur J Biochem*, **199**, 417-423.

Li, S., Labrecque, S., Gauzzi, M., Cuddihy, A., Wong, A., Pellegrini, S., Matlashewski, G. and Koromilas, A. (1999) The human papilloma virus (HPV)-18 E6 oncoprotein physically associates with Tyk2 and impairs Jak-STAY activation by interferon-alpha. *Oncogene*, **18**, 5727-37.

Li, X., Leung, S., Kerr, I.M. and Stark, G.R. (1997) Functional subdomains of STAT2 required for preassociation with the alpha interferon receptor and for signaling. *Mol Cell Biol*, **17**, 2048-56.

Linial, M. (2000) Why aren't foamy viruses pathogenic? *Trends Microbiol*, **8**, 284-9.

Lloyd, R.M. and Shatkin, A.J. (1992) Translational stimulation by reovirus polypeptide sigma 3: substitution for VAI RNA and inhibition of phosphorylation of the alpha subunit of eukaryotic initiation factor 2. *J Virol*, **66**, 6878-84.

Look, D., Roswit, W., Frick, A., Gris-alevy, Y., Dickhaus, D., Walter, D. and Holtzman, M. (1998) Direct suppression of Stat1 during adenoviral infection. *Immunity*, **9**, 871-80.

Lowenstein, C.J., Alley, E.W., Raval, P., Snowman, A.M., Snyder, S.H., Russell, S.W. and Murphy, W.J. (1993) Macrophage nitric oxide synthase gene: two upstream regions mediate induction by interferon gamma and lipopolysaccharide. *Proc Natl Acad Sci U S A*, **90**, 9730-4.

Lu, H.T., Yang, D.D., Wysk, M., Gatti, E., Mellman, I., Davis, R.J. and Flavell, R.A. (1999) Defective IL-12 production in mitogen-activated protein (MAP) kinase kinase 3 (Mkk3)-deficient mice. *Embo J*, **18**, 1845-57.

Lu, Y., Wambach, M., Katze, M.G. and Krug, R.M. (1995) Binding of the influenza virus NS1 protein to double-stranded RNA inhibits the activation of the protein kinase that phosphorylates the elF-2 translation initiation factor. *Virology*, **214**, 222-228.

Mabrouk, T., Danis, C. and Lemay, G. (1995) Two basic motifs of reovirus sigma 3 protein are involved in double- stranded RNA binding. *Biochem Cell Biol*, **73**, 137-45.

MacMicking, J., Xie, Q.W. and Nathan, C. (1997) Nitric oxide and macrophage function. *Annual Review of Immunology*, **15**, 323-350.

Mamane, Y., Heylbroeck, C., Genin, P., Algarte, M., Servant, M.J., LePage, C., DeLuca, C., Kwon, H., Lin, R. and Hiscott, J. (1999) Interferon regulatory factors: the next generation. *Gene*, **237**, 1-14.

Martinand, C., Montavon, C., Salehzada, T., Silhol, M., Lebleu, B. and Bisbal, C. (1999) RNase L inhibitor is induced during human immunodeficiency virus type 1 infection and down regulates the 2-5A/RNase L pathway in human T cells. *J Virol*, **73**, 290-6.

Martinand, C., Salehzada, T., Silhol, M., Lebleu, B. and Bisbal, C. (1998) RNase L inhibitor (RLI) antisense constructions block partially the down regulation of the 2-5A/RNase L pathway in encephalomyocarditis- virus-(EMCV)-infected cells. *Eur J Biochem*, **254**, 248-55.

Mathews, M.B. (1995) Structure, function, and evolution of adenovirus virus-associated RNAs. *Curr Top Microbiol Immunol*, **199**, 173-87.

Matunis, M., Coutavas, E. and Blobel, G. (1996) A novel ubiquitin-like modification modulates the partitioning of the Ran-GTPase-activating protein RanGAP-1 between the cytosol and the nuclear pore complex. *J. Cell. Biol.*, **135**, 1457-70.

Maul, G.G., Ishov, A.M. and Everett, R.D. (1996) Nuclear domain 10 as preexisting potential replication start sites of herpes simplex virus type-1. *Virology*, **217**, 67-75.

McMillan, N.A., Chun, R.F., Siderovski, D.P., Galabru, J., Toone, W.M., Samuel, C.E., Mak, T.W., Hovanessian, A.G., Jeang, K.T. and Williams, B.R. (1995) HIV-1 Tat directly interacts with the interferon-induced, double- stranded RNA-dependent kinase, PKR. *Virology*, **213**, 413-24.

Melamed, D., Tiefenbrun, N., Yarden, A. and Kimchi, A. (1993) Interferons and interleukin-6 suppress the DNA-binding activity of E2F in growth-sensitive hematopoietic cells. *Mol Cell Biol*, **13**, 5255-65.

Melnick, A. and Licht, J.D. (1999) Deconstructing a disease: RARalpha, its fusion partners, and their roles in the pathogenesis of acute promyelocytic leukemia. *Blood*, **93**, 3167-215.

Meluh, P.B. and Koshland, D. (1995) Evidence that the MIF2 gene of Saccharomyces cerevisiae encodes a centromere protein with homology to the mammalian centromere protein CENP-C. *Mol Biol Cell*, **6**, 793-807.

Melville, M.W., Hansen, W.J., Freeman, B.C., Welch, W.J. and Katze, M. (1997) The molecular chaperone hsp40 regulates the activity of p58IPK, the cellular inhibitor of PKR. *Proc Natl Acad Sci USA*, **94**, 97-102.

Melville, M.W., Tan, S.L., Wambach, M., Song, J., Morimoto, R.I. and Katze, M.G. (1999) The cellular inhibitor of the PKR protein kinase, P58(IPK), is an influenza virus-activated co-chaperone that modulates heat shock protein 70 activity. *J.Biol.Chem*, **274**, 3797-803.

Mergia, A., Pratt-Lowe, E., Shaw, K.E., Renshaw-Gegg, L.W. and Luciw, P.A. (1992) cis-acting regulatory regions in the long terminal repeat of simian foamy virus type 1. *J Virol*, **66**, 251-7.

Metcalf, P., Cyrklaff, M. and Adrian, M. (1991) The three-dimensional structure of reovirus obtained by cryo-electron microscopy. *Embo J*, **10**, 3129-36.

Meurs, E.F., Chong, K., Galabru, J., Thomas, N.S., Kerr, I.M., Williams, B.R. and Hovanossian, A.G. (1990) Molecular cloning and characterization of the human double-stranded RNA-activated protein kinase induced by interferon. *Cell*, **62**, 379-390.

Meurs, E.F., Watanabe, Y., Kadereit, S., Barber, G.N., Katze, M.G., Chong, K., Williams, B.R.G. and Hovanessian, A.G. (1992) Constitutive expression of human double-stranded RNA-activated p68 kinase in murine cells mediates phosphorylation of eukaryotic initiation factor 2 and partial resistance to encephalomyocarditis virus growth. *J. Virol.*, **66**, 5805-5814.

Michaelson, J.S., Bader, D., Kuo, F., Kozak, C. and Leder, P. (1999) Loss of Daxx, a promiscuously interacting protein, results in extensive apoptosis in early mouse development. *Genes Dev*, **13**, 1918-23.

Miller, D., Rahill, B., Boss, J., Lairmore, M., Durbin, J., Waldman, J. and Sedmak, D. (1998) Human cytomegalovirus inhibits major histocompatibility complex class II by disruption of the Jak/Stat pathway. *J. Exp. Med.*, **187**, 675-83.

Miller, D., Zhang, Y., Rahill, B., Waldman, W. and Sedmak, D. (1999) Human cytomegalovirus inhibits IFN-alpha-stimulated antiviral and immunoregulatory responses by blocking multiple levels of IFN-alpha signal transduction. *J Immunol.*, **162**, 6107-13.

Miller, J.E. and Samuel, C.E. (1992) Proteolytic cleavage of the reovirus sigma 3 protein results in enhanced double-stranded RNA-binding activity: identification of a repeated basic amino acid motif within the C-terminal binding region. *J Virol*, **66**, 5347-56.

Moore, P.S., Boshoff, C., Weiss, R.A. and Chang, Y. (1996) Molecular mimicry of human cytokine and cytokine response pathway genes by KSHV. *Science*, **274**, 1739-1744.

Moser, M.J., Holley, W.R., Chatterjee, A. and Mian, I.S. (1997) The proofreading domain of Escherichia coli DNA polymerase I and other DNA and/or RNA exonuclease domains. *Nucleic Acids Res*, **25**, 5110-8.

Mu, Z.M., Chin, K.V., Liu, J.H., Lozano, G. and Chang, K.S. (1994) PML, a growth suppressor disrupted in acute promyelocytic leukemia. *Mol. Cell. Biol.*, **14**, 6858-6867.

Muller, S. and Dejean, A. (1999) Viral immediate-early proteins abrogate the modification by SUMO-1 of PML and Sp100 proteins, correlating with nuclear body disruption. *J. Virol.*, **73**, 5137-43.

Muller, U., Steinhoff, U., Reis, L.F., Hemmi, S., Pavlovic, J., Zinkernagel, R.M. and Aguet, M. (1994) Functional role of type I and type II interferons in antiviral defense. *Science*, **264**, 1918-21.

Mulvey, M.J., Poppers, J., Ladd, A. and Mohr, I. (1999) A herpesvirus ribosome-associated, RNA-binding protein confers a growth advantage upon mutants deficient in a GADD34-related function. *Journal of Virology*, **73**, 3375-3385.

Murphy, T.L., Cleveland, M.G., Kulesza, P., Magram, J. and Murphy, K.M. (1995) Regulation of interleukin 12 p40 expression through an NF-kappa B half site. *Molecular and Cellular Biology*, **15**, 5258-5267.

Nakane, A. and Minagawa, T. (1985) Sequential production of alpha and beta interferons and gamma interferon in the circulation of Listeria monocytogenes-infected mice after stimulation with bacterial lipopolysaccharide. *Microbiol Immunol*, **29**, 659-69.

Nelbock, P., Dillon, P.J., Perkins, A. and Rosen, C.A. (1990) A cDNA for a protein that interacts with the human immunodeficiency virus Tat transactivator. *Science*, **248**, 1650-3.

Nervi, C., Ferrara, F.F., Fanelli, M., Rippo, M.R., Tomassini, B., Ferrucci, P.F. and al., e. (1998) Caspases mediate retinoic acid-induced degradation of the acute promyelocytic leukemia PML/RARalpha fusion protein. *Blood*, **92**, 2244-2251.

Nguyen, L.H., Espert, L., Mechti, N. and Wilson, D.M., 3rd. (2001) The human interferon- and estrogen-regulated ISG20/HEM45 gene product degrades single-stranded RNA and DNA in vitro. *Biochemistry*, **40**, 7174-9.

Nibert, M.L., Margraf, R.L. and Coombs, K.M. (1996) Nonrandom segregation of parental alleles in reovirus reassortants. *J Virol*, **70**, 7295-300.

Nilson, T.W. and Baglioni, C. (1979) Mechanism for discrimination between viral and host mRNA in interferon-treated cells. *Proc Natl Acad Sci*, 2600-2604.

Novick, D., Cohen, B. and Rubinstein, M. (1994) The human interferon alpha/beta receptor: characterization and molecular cloning. *Cell*, **77**, 391-400.

Ogasawara, K., Hida, S., Azimi, N., Tagaya, Y., Sato, T., Yokochi-Fukuda, T., Waldmann, T.A., Taniguchi, T. and Taki, S. (1998) Requirement for IRF-1 in the microenvironment supporting development of natural killer cells. *Nature*, **391**, 700-703.

Okamura, H., Kashiwamura, S., Tsutsui, H., Yoshimoto, T. and Nakanishi, K. (1998) Regulation of interferon-gamma production by IL-12 and IL-18. *Curr Opin Immunol*, **10**, 259-64.

Okuma, T., Honda, R., Ichikawa, G., Tsumagari, N. and Yasuda, H. (1999) In vitro SUMO-1 modification requires two enzymatic steps, E1 and E2. *Biochem Biophys Res Commun*, **254**, 693-8.

Okura, T., Gong, T., Kamitani, T., Wada, T., Okura, C., Wei, F., HM., C. and Yeh, E. (1996) Protection against Fas/APO-1- and tumor necrosis factor-mediated cell death by a novel protein, sentrin. *J.Immunol.*, **157**, 4277-81.

Orimo, A., Tominaga, N., Yoshimura, K., Yamauchi, Y., Nomura, M., Sato, M., Nogi, Y., Suzuki, M., Suzuki, H., Ikeda, K., Inoue, S. and Muramatsu, M. (2000) Molecular cloning of ring finger protein 21 (RNF21)/interferon- responsive finger protein (ifp1), which possesses two RING-B box-coiled coil domains in tandem. *Genomics*, **69**, 143-9.

Pandolfi, P.P. (2001) In vivo analysis of the molecular genetics of acute promyelocytic leukemia. *Oncogene*, **20**, 5726-35.

Park, H., Davies, M.V., Langland, J.O., Chang, H.W., Nam, Y.S., Tartaglia, J., Paoletti, E., Jacobs, B.L., Kaufman, R.J. and Venkatesan, S. (1994) TAR RNA-binding protein is an inhibitor of the interferon-induced protein kinase PKR. *Proc Natl Acad Sci U S A*, **91**, 4713-7.

Parkinson, J. and Everett, R.D. (2000) Alphaherpesvirus proteins related to herpes simplex virus type 1 ICP0 affect cellular structures and proteins. *J Virol*, **74**, 10006-17.

Pavlovic, J., Haller, O. and Staeheli, P. (1992) Human and mouse Mx proteins inhibit different steps of the influenza virus multiplication cycle. *J Virol*, **66**, 2564-9.

Pavlovic, J., Zurcher, T., Haller, O. and Staeheli, P. (1990) Resistance to influenza virus and vesicular stomatitis virus conferred by expression of human MxA protein. *J. Virol.*, **64**, 3370-3375.

Pearson, M., Carbone, R., Sebastiani, C., Cioce, M., Fagioli, M., Saito, S., Higashimoto, Y., Appella, E., Minucci, S., Pandolfi, P.P. and Pelicci, P.G. (2000) PML regulates p53 acetylation and premature senescence induced by oncogenic Ras. *Nature*, **406**, 207-10.

Pellegrini, S. and Dusanter-Fourt, I. (1997) The structure, regulation and function of the Janus kinases (JAKs) and the signal transducers and activators of transcription (STATs). *Eur J Biochem*, **248**, 615-33.

Peng, H., Begg, G.E., Schultz, D.C., Friedman, J.R., Jensen, D.E., Speicher, D.W. and Rauscher, F.J., 3rd. (2000) Reconstitution of the KRAB-KAP-1 repressor complex: a model system for defining the molecular anatomy of RING-B box-coiled-coil domain-mediated protein-protein interactions. *J Mol Biol*, **295**, 1139-62.

Penix, L.A., Sweetser, M.T., Weaver, W.M., Hoeffler, J.P., Kerppola, T.K. and Wilson, C.B. (1996) The proximal regulatory element of the interferon-gamma promoter mediates selective expression in T cells. *J Biol Chem*, **271**, 31964-72.

Pitha, P.M., Au, W.C., Lowther, W., Juang, Y.T., Schafer, S.L., Burysek, L., Hiscott, J. and Moore, P.A. (1998) Role of the interferon regulatory factors (IRFs) in virus-mediated signaling and regulation of cell growth. *Biochimie*, **80**, 651-8.

Poisson, N., Real, E., Gaudin, Y., Vaney, M.C., King, S., Jacob, Y., Tordo, N. and Blondel, D. (2001) Molecular basis for the interaction between rabies virus phosphoprotein P and the dynein light chain LC8: dissociation of dynein-binding properties and transcriptional functionality of P. *J Gen Virol*, **82**, 2691-6.

Poppers, J., Mulvey, M., Khoo, D. and Mohr, I. (2000) Inhibition of PKR activation by the proline-rich RNA binding domain of the herpes virus type1 Us11 protein. *J. Virol.*, **74**, 11215-21.

Powell, F., Schroeter, A.L. and Dickson, E.R. (1984) Antinuclear antibodies in primary biliary cirrhosis. *Lancet*, **1**, 288-9.

Raj, N.B. and Pitha, P.M. (1993) 65-kDa protein binds to destabilizing sequences in the IFN-beta mRNA coding and 3' UTR. *Faseb J*, **7**, 702-10.

Ramaiah, K., Davies, M.V., Chen, J.J. and Kaufman, R.J. (1994) Expression of mutant eukaryotic initiation factor 2α subunit (eIF-2α) reduces inhibition of guanine nucleotide exchange activity of eIF-2b mediated by eIF-2x phosphorylation. *Molecular and Cellular Biology*, **14**, 4546-4553.

Ramana, C.V., Grammatikakis, N., Chernov, M., Nguyen, H., Goh, K.C., Williams, B.R. and Stark, G.R. (2000) Regulation of c-myc expression by IFN-gamma through Stat1-dependent and-independent pathways. *Embo Journal*, **19**, 263-272.

Raux, H., Flamand, A. and Blondel, D. (2000) Interaction of the rabies virus P protein with the LC8 dynein light chain. *J Virol*, **74**, 10212-6.

Rechsteiner, M., Realini, C. and Ustrell, V. (2000)

The proteasome activator 11 S REG (PA28) and class I antigen presentation. *Biochem J.*, **345**, 1-15.

Regad, T., Saib, A., Lallemand-Breitenbach, V., Pondolfi, P.P., de The, H. and Chelbi-Alix, M.K. (2001) PML mediates the interferon-induced antiviral state against a complex retrovirus via its association with the viral transactivator. *EMBO. J*, **20**, 3495-3505.

Rethwilm, A., Darai, G., Rosen, A., Maurer, B. and Flugel, R.M. (1987) Molecular cloning of the genome of human spumaretrovirus. *Gene*, **59**, 19-28.

Reyburn, H.T., Mandelboim, O., Vales-Gomez, M., Davis, D.M., Pazmany, L. and Strominger, J.L. (1997) The class I MHC homologue of human cytomegalovirus inhibits attack by natural killer cells. *Nature*, **386**, 514-517.

Reymond, A., Meroni, G., Fantozzi, A., Merla, G., Cairo, S., Luzi, L., Riganelli, D., Zanaria, E., Messali, S., Cainarca, S., Guffanti, A., Minucci, S., Pelicci, P.G. and Ballabio, A. (2001) The tripartite motif family identifies cell compartments. *Embo J*, **20**, 2140-51.

Rincon, M., Enslen, H., Raingeaud, J., Recht, M., Zapton, T., Su, M.S., Penix, L.A., Davis, R.J. and Flavell, R.A. (1998) Interferon-gamma expression by Th1 effector T cells mediated by the p38 MAP kinase signaling pathway. *Embo J*, **17**, 2817-29.

Rivas, C., Gil, J., Melkova, Z., Esteban, M. and Diaz-Guerra, M. (1998) Vaccinia virus E3L protein is an inhibitor of the interferon (i.f.n.)- induced 2-5A synthetase enzyme. *Virology*, **243**, 406-14.

Robertson, H.D. and Mathews, M.B. (1996) The regulation of the protein kinase PKR by RNA. *Biochimie*, **78**, 909-914.

Rodriguez, M.S., Dargemont, C. and Hay, R.T. (2001) SUMO-1 conjugation in vivo requires both a consensus modification motif and nuclear targeting. *J Biol Chem*, **276**, 12654-9.

Rojas, R., Roman, J., Torres, A., Ramirez, R., Carracedo, J., Lopez, R., Garcia, J.M., Martin, C. and Pintado, O. (1996) Inhibition of apoptotic cell death in B-CLL by interferon gamma correlates with clinical stage. *Leukemia*, **10**, 1782-8.

Roy, S., Katze, M.G., Parkin, N.T., Edery, I., Hovanessian, A.G. and Sonenberg, N. (1990) Control of the interferon-induced 68-kilodalton protein kinase by the HIV-1 tat gene product. *Science*, **247**, 1216-9.

Ruben, S., Perkins, A., Purcell, R., Joung, K., Sia, R., Burghoff, R., Haseltine, W.A. and Rosen, C.A. (1989) Structural and functional characterization of human immunodeficiency virus tat protein. *J Virol*, **63**, 1-8.

Russo, J.J., Bohenzky, R.A., Chien, M.C., Chen, J., Yan, M., Maddalena, D., Parry, J.P., Perruzi, D., Edelman, I.S., Chang, Y. and Moore, P.S. (1996) Nucleotide sequence of the Kaposi's sarcoma-associated herpesvirus (HHV8). *Proc Natl Acad Sci USA*, **93**, 14862-14867.

Sakatsume, M., Igarashi, K., Winestock, K.D., Garotta, G., Larner, A.C. and Finbloom, D.S. (1995) The Jak kinases differentially associate with the alpha and beta (accesory factor) chains of the interferon gamma receptor to form a functional receptor unit capable of activating STAT transcription factors. *Journal of Biological Chemistry*, **270**, 17528-17534.

Samuel, C.E. (1991) Antiviral-regulated cellular proteins and their surprisingly selective antiviral activities. *Virology*, **183**, 1-11.

Sato, M., Tanaka, N., Hata, N., Oda, E. and Taniguchi, T. (1998) Involvement of the IRF family transcription factor IRF-3 in virus- induced activation of the IFN-beta gene. *Febs Lett*, **425**, 112-6.

Saurin, A.J., Borden, K.L.B., Boddy, M.N. and Freemont, P.S. (1996) Does this have a familiar ring. (review). *Trends Biochem. Sci.*, **21**, 208-214.

Schafer, S.L., Lin, R., Moore, P.A., Hiscott, J. and Pitha, P.M. (1998) Regulation of type I interferon gene expression by interferon regulatory factor-3. *J Biol Chem*, **273**, 2714-20.

Scharton-Kersten, T.M. and Sher, A. (1997) Role of natural killer cells in innate resistance to protozoan infections. *Curr Opin Immunol*, **9**, 44-51.

Scherrer, K. and Bey, F. (1994) The prosomes (multicatalytic proteinases; proteasomes) and their relationship to the untranslated messenger ribonucleoproteins, the cytoskeleton, and cell differentiation. *Prog Nucleic Acid Res Mol Biol*, **49**, 1-64.

Schiff, L.A., Nibert, M.L., Co, M.S., Brown, E.G. and Fields, B.N. (1988) Distinct binding sites for zinc and double-stranded RNA in the reovirus outer capsid protein sigma 3. *Mol Cell Biol*, **8**, 273-83.

Schindler, C. and Darnell, J.E.J. (1995) Transcriptional responses to polypeptide ligands: the JAK-STAT pathway. *Annu. Rev. Biochem.*, **64**, 621-651.

Schmidt, M., Herchenroder, O., Heeney, J. and Rethwilm, A. (1997) Long terminal repeat U3 length polymorphism of human foamy virus. *Virology*, **230**, 167-78.

Schneider-Schaulies, S., Schneider-Schaulies, J., Schuster, A., Bayer, M., Pavlovic, J. and ter Meulen, V. (1994) Cell type-specific MxA-mediated inhibition of measles virus transcription in human brain cells. *Journal of Virology*, **68**, 6910-6917.

Schwarz, S.E., Matuschewski, K., Liakopoulos, D., Scheffner, M. and Jentsch, S. (1998) The ubiquitin-like proteins SMT3 and SUMO-1 are conjugated by the UBC9 E2 enzyme. *Proc Natl Acad Sci U S A*, **95**, 560-4.

Seeger, C. and Mason, W.S. (1996) DNA Replication in Eucaryotic Cells. *Cold Spring Harbor Laboratory Press, Cold Spring Harbor, NY.*, ((**M. dePamphilis Ed.**) , Ed.), pp. 815--831.

Sen, G.C. and Lengyel, P. (1992) The interferon system. A bird's eye view of its biochemistry. *J Biol Chem*, **267**, 5017-20.

Sharp, T., Schwemmle, M., Jeffrey, I., Laing, K., Mellor, H., Proud, G., Hilse, K. and Clemens, M. (1993) Comparative analysis of the regulation of the interferon-inducible protein kinase PKR by EBV RNAs EBER-1 and EBER-2 and adenovirus VAI RNA. *Nucleic Acids Res.*, **21**, 4483-90.

Sharp, T.V., Moonan, F., Romashko, A., Joshi, B., Barber, G.N. and Jagus, R. (1998) The vaccinia virus E3L gene product interacts with both the regulatory and the substrate binding regions of PKR autoregulation. *Virology*, **250**, 302-15.

Shen, Z., Pardington-Purtymun, P., Comeaux, J., Moyzis, R. and Chen, D. (1996) UBL1, a human ubiquitin-like protein associating with human RAD51/RAD52 proteins. *Genomics*, **36**, 271-9.

Sherman, L. and Schlegel, R. (1996) Serum- and calcium-induced differentiation of human keratinocytes is inhibited by the E6 oncoprotein of human papillomavirus type 16. *J Virol*, **70**, 3269-79.

Shimono, Y., Murakami, H., Hasegawa, Y. and Takahashi, M. (2000) RET finger protein is a transcriptional repressor and interacts with enhancer of polycomb that has dual transcriptional functions. *J Biol Chem*, **275**, 39411-9.

Silver, P.A. (1991) How proteins enter the nucleus. *Cell*, **64**, 489-97.

Silverman, R.H. (1997) 2-5A-dependent RNase L: a regulated endoribonuclease in the interferon system. *Edited by G. D'Alessio & J.F. Riordan. New York: Academic Press*, 515-551.

Silverman, R.H. and Cirino, N.M. (1997) RNA decay by the interferon-regulated 2-5A system as a host defense against viruses. *mRNA Metabolism and Post-transcriptional Gene Regulation*, 295-309.

Stadler, M., Chelbi-Alix, M.K., Koken, M.H.M., Venturini, L., Lee, C., Saïb, A., Quignon, F., Pelicano, L., Guillemin, M.-C., Schindler, C. and de Thé, H. (1995) Transcriptional induction of the PML growth suppressor gene by interferons is mediated through an ISRE and a GAS element. *Oncogene*, **11**, 2565-2573.

Staeheli, P., Grob, R., Meier, E., Sutcliffe, J.G. and Haller, O. (1988) Influenza virus-suseptible mice carry Mx genes with a large deletion or a nonsense mutation. *Molecular and Cellular Biology*, **8**, 4518-4523.

Staeheli, P., Haller, O., Boll, W., Lindenmann, J. and Weissman, C. (1986) Mx protein : constitutive expression in 3T3 cells transformed with cloned Mx cDNA confers selective resistance to influenza virus. *Cell*, **17**, 147-158.

Stark, G.R., Kerr, I.M., William, B.R.G., Silverman, R.H. and Schreiber, R.D. (1998) How cells respond to interferons. *Annu. Rev. Biochem.*, **67**, 227-64.

Stranden, A.M., Staeheli, P. and Pavlovic, J. (1993) Function of the mouse Mx1 protein is inhibited by overexpression of the PB2 protein of influenza virus. *Virology*, **197**, 642-651.

Subramaniam, P.S., Cruz, P.E., Hobeika, A.C. and Johnson, H.M. (1998) Type I interferon induction of the Cdk-inhibitor p21WAF1 is accompanied by ordered G1 arrest, differentiation and apoptosis of the Daudi B-cell line. *Oncogene*, **16**, 1885-90.

Subramaniam, P.S. and Johnson, H.M. (1997) A role for the cyclindependent kinase inhibitor p21 in the G1 cell cycle arrest mediated by the type 1 interferons. *Journal of Interferon and Cytokine Research*, **17**, 11-15.

Swindle, C.S., Zou, N., Van Tine, B.A., Shaw, G.M., Engler, J.A. and Chow, L.T. (1999) Human papillomavirus DNA replication compartments in a transient DNA replication system. *J Virol*, **73**, 1001-9.

Symons, J.A., Alcami, A. and Smith, G.L. (1995) Vaccinia virus encodes a soluble type I interferon receptor of novel structure and broad species specificity. *Cell*, **81**, 551-60.

Szabo, S.J., Jacobson, N.G., Dighe, A.S., Gubler, U. and Murphy, K.M. (1995) Developmental commitment to the Th2 lineage by extinction of IL-12 signaling. *Immunity*, **2**, 665-675.

Szekely, L., Pokrovskaja, K., Jiang, W., de The, H., Ringertz, N. and Klein, G. (1996) The Epstein-Barr virus-encoded nuclear antigen EBNA-5 accumulates in PML-containing bodies. *J. Virol.*, **70**, 2562-8.

Szekely, L., Selivanova, G., Magnusson, K.P., Klein, G. and Wiman, K.G. (1993) EBNA-5, an Epstein-Barr virus-encoded nuclear antigen, binds to the retinoblastoma and p53 proteins. *Proc Natl Acad Sci U S A*, **90**, 5455-9.

Szostecki, C., Guldner, H.H., Netter, H.J. and Will, H. (1990) Isolation and characterization of cDNA encoding a human nuclear antigen predominantly recognized by autoantibodies from patients with primary biliary cirrhosis. *J Immunol*, **145**, 4338-47.

Szostecki, C., Krippner, H., Penner, E. and Bautz, F. (1987) Autoimmune sera recognize a 100 kD nuclear protein antigen. *Clin. Exp. Immunol.*, **68**, 108-115.

Tanahashi, N., Yokota, K., Ahn, J., Chung, C., Fujiwara, T., Takahashi, E., DeMartino, G., Slaughter, C., Toyonaga, T., Yamamura, K., Shimbara, N. and Tanaka, K. (1997) Molecular properties of the proteasome activator PA28 family proteins and gamma-interferon regulation. *Genes Cells*, **2**, 195-211.

Tanaka, K., Nishide, J., Okazaki, K., Kato, H., Niwa, O., Nakagawa, T., Matsuda, H., Kawamukai, M. and Murakami, Y. (1999) Characterization of a fission yeast SUMO-1 homologue, pmt3p, required for multiple nuclear events, including the control of telomere length and chromosome segregation. *Mol Cell Biol*, **19**, 8660-72.

Taylor, D.R., Shi, S.T., Romano, P.R., Barber, G.N. and Lai, M.M. (1999) Inhibition of the interferon-inducible protein kinase PKR by HCV E2 protein. *Science*, **285**, 107-10.

Thomas, S.M., Lamb, R.A. and Paterson, R.G. (1988) Two mRNAs that differ by two nontemplated nucleotides encode the amino coterminal proteins P and V of the paramyxovirus SV5. *Cell*, **54**, 891-902.

Topcu, Z., Mack, D., Hromas, R. and Borden, K. (1999) The promyelocytic leukemia protein PML interacts with the proline-rich homeodomain protein PRH : a RING may link hematopoiesis and growth control. *Oncogene*, **18**, 7091-100.

Trinchieri, G. (1995) Interleukin-12: a proinflammatory cytokine with immunoregulatory functions that bridge innate resistance and antigen-specific adaptive immunity. *Annual Review of Immunology*, **13**, 251-276.

Trowsdale, J., Hanson, I., Mockridge, I., Beck, S., Townsend, A. and Kelly, A. (1990) Sequences encoded in the class II region of the MHC related to the 'ABC' superfamily of transporters. *Nature*, **348**, 741-744.

Turelli, P., Doucas, V., Craig, E., Mangeat, B., Klages, N., Evans, R., Kalpana, G. and Trono, D. (2001) Cytoplasmic recruitment of INI1 and PML on incoming HIV preintegration complexes: interference with early steps of viral replication. *Mol Cell*, **7**, 1245-54.

Tyers, M. and Willems, A.R. (1999) One ring to rule a superfamily of E3 ubiquitin ligases. *Science*, **284**, 601, 603-4.

Vallian, S., Chin, K.V. and Chang, K.S. (1998) The promyelocytic leukemia protein interacts with Sp1 and inhibits its transactivation of the epidermal growth factor receptor promoter. *Mol. Cell. Biol.*, **18**, 7147-7156.

van den Broek, M.F., Müller, U., Huang, S., Aguet, M. and Zinkernagel, R.M. (1995) Antiviral defense in mice lacking both alpha/beta and gamma interferon receptors. *J. Virol.*, **69**, 4792-4796.

Wang, L., Huang, J.A., Phelps, A., Firth, S., Holmes, I.H. and Reeves, P.R. (1996) Periplasmic expression of part of the major rotavirus capsid protein VP7 containing all the three antigenic regions in Escherichia coli. *Gene*, **177**, 155-62.

Wang, Z.-G., Ruggero, D., Ronchetti, S., Zhong, S., Gaboli, M., Rivi, R. and Pandolfi, P.P. (1998) PML is essential for multiple apoptotic pathways. *Nature Genet.*, **20**, 266-272.

Weihua, X., Ramanujam, S., Lindner, D.J., Kudaravalli, R.D., Freund, R. and Kalvakolanu, D.V. (1998) The polyoma virus T antigen interferes with interferon-inducible gene expression. *Proc Natl Acad Sci U S A*, **95**, 1085-90.

Whittemore, L.A. and Maniatis, T. (1990) Postinduction turnoff of beta-interferon gene expression. *Mol Cell Biol*, **10**, 1329-37.

Whyte, P., Williamson, N.M. and Harlow, E. (1989) Cellular targets for transformation by the adenovirus EIA proteins. *Cell*, **56**, 67-75.

Williams, B.R. (1999) PKR; a sentinel for cellular stress. *Oncogene*, **18**, 6112-120.

Wong, A.H., Tam, N.W., Yang, Y.L., Cuddihy, A.R., Li, S., Kirchhoff, S., Hauser, H., Decker, T. and Koromilas, A.E. (1997) Physical association between STAT1 and the interferon-inducible protein kinase PKR and implications for interferon and double-stranded RNA signaling pathways. *Embo J*, **16**, 1291-304.

Wu, W.S., Vallian, S., Seto, E., Yang, W.M., Edmondson, D., Roth, S. and Chang, K.S. (2001) The growth suppressor PML represses transcription by functionally and physically interacting with histone deacetylases. *Mol Cell Biol*, **21**, 2259-68.

Xie, K., Lambie, E.J. and Snyder, M. (1993) Nuclear dot antigens may specify transcriptional domains in the nucleus. *Mol Cell Biol*, **13**, 6170-9.

Xu, X., Fu, X.Y., Plate, J. and Chong, A.S. (1998) IFN-gamma induces cell growth inhibition by Fas-mediated apoptosis: requirement of STAT1 protein for up-regulation of Fas and FasL expression. *Cancer Res*, **58**, 2832-7.

Yang, D.D., Conze, D., Whitmarsh, A.J., Barrett, T., Davis, R.J., Rincon, M. and Flavell, R.A. (1998) Differentiation of CD4+ T cells to Th1 cells requires MAP kinase JNK2. *Immunity*, **9**, 575-85.

Yang, X., Khosravi-Far, R., Chang, H.Y. and Baltimore, D. (1997) Daxx, a novel Fas-binding protein that activates JNK and apoptosis. *Cell*, **89**, 1067-76.

Yoneyama, M., Suhara, W., Fukuhara, Y., Fukuda, M., Nishida, E. and Fujita, T. (1998) Direct triggering of the type I interferon system by virus infection: activation of a transcription factor complex containing IRF-3 and CBP/p300. *Embo J*, **17**, 1087-95.

Young, H.A. (1996) Regulation of interferon-gamma gene expression. *J Interferon Cytokine Res*, **16**, 563-8.

Yue, Z. and Shatkin, A.J. (1997) Double-stranded RNA-dependent protein kinase (PKR) is regulated by reovirus structural proteins. *Virology*, **234**, 364-71.

Zhang, F., Wang, D.Z., Boothby, M., Penix, L., Flavell, R.A. and Aune, T.M. (1998) Regulation of the activity of IFN-gamma promoter elements during Th cell differentiation. *J Immunol*, **161**, 6105-12.

Zhang, J.J., Vinkemeier, U., Gu, W., Chakravarti, D., Horvath, C.M. and Darnell, J.E., Jr. (1996) Two contact regions between Stat1 and CBP/p300 in interferon gamma signaling. *Proc. Natl. Acad. Sci. USA*, **93**, 15092-15096.

Zhao, H., De, B.P., Das, T. and Banerjee, A.K. (1996) Inhibition of human parainfluenza virus-3 replication by interferon and human MxA. *Virology*, **220**, 330-338.

Zhong, S., Delva, L., Rachez, C., Cenciarelli, C., Gandini, D., Zhang, H., Kalantry, S., Freedman, L. and Pandolfi, P. (1999a) A RA-dependent, tumour-growth suppressive transcription complex is the target of the PML-RAR alpha and T18 oncoproteins. *nature genetics*, **23**, 287-95.

Zhong, S., Hu, P., Ye, T.Z., Stan, R., Ellis, N.A. and Pandolfi, P.P. (1999b) A role for PML and the nuclear body in genomic stability. *Oncogene*, **18**, 7941-7947.

Zhong, S., Müller, S., Ronchetti, S., Freemont, P., Dejean, A. and Pandolfi, P. (2000a) Role of SUMO-1-modified PML in nuclear body formation. *Blood*, **95**, 2748-52.

Zhong, S., Salomoni, P., Ronchetti, S., Guo, A., Ruggero, D. and Pandolfi, P. (2000b) Promyelocytic leukemia protein (PML) and Daxx participate in a novel nuclear pathway for apoptosis. *J. Exp. Med.*, **191**, 631-9.

Zhou, A., Paranjape, J., Brown, T.L., Nie, H., Naik, S., Dong, B., Chang, A., Trapp, B., Fairchild, R., Colmenares, C. and Silverman, R.H. (1997) Interferon action and apoptosis are defective in mice devoid of 2'5'-oligoadenylate-dependent RNas L. *EMBO J.*, **16**, 6355-6363.

Zhou, A., Paranjape, J., Der, S., Williams, B. and Silverman, R. (1999) Interferon action in triply deficient mice reveals the existence of alternative antiviral pathways. *Virology*, **258**, 435-40.

Zhu, H., Cong, J.P. and Shenk, T. (1997) Use of differential display analysis to assess the effect of human cytomegalovirus infection on the accumulation of cellular RNAs: induction of interferon-responsive RNAs. *Proc Natl Acad Sci U S A*, **94**, 13985-90.

Zimring, J., Goodbourn, S. and Offermann, M. (1998) Human herpes virus 8 encodes an interferon regulatory factor (IRF) homolog that repress IRF-1 mediated-transcription. *J.Virol.*, 701-7.

Mes remerciements à,

Ma famille, pour ce que je suis.

Tous mes amis avec qui j'ai partagé les différents moments de ma vie.

Jennifer Hollering pour son aide précieuse et sa présence.

Mes collègues du laboratoire de Michael Tovey l'UPR 9045 pour leur accueil et leur gentillesse.

Mounira Chelbi-Alix pour m'avoir accueilli dans son groupe.

Mes collègues de l'UPR 9051 et de l'institut d'hématologie avec qui j'ai passé les premières années de ma Thèse et mon DEA.

François Sigaux pour son soutien précieux.

Thérèse Jond pour son aide et ses conseils.

VDM Verlagsservicegesellschaft mbH

Heinrich-Böcking-Str. 6-8   Telefon: +49 681 3720 174   info@vdm-vsg.de
D - 66121 Saarbrücken   Telefax: +49 681 3720 1749   www.vdm-vsg.de

www.morebooks.fr

La librairie en ligne pour acheter plus vite

Achetez vos livres en ligne, vite et bien, sur l'une des librairies en
ligne les plus performantes au monde!
En protégeant nos ressources et notre environnement grâce à
l'impression à la demande.

www.get-morebooks.com

Buy your books online at

Buy your books fast and straightforward online - at one of world's
fastest growing online book stores! Environmentally sound due to
Print-on-Demand technologies.

i want morebooks!

Oui, je veux morebooks!

MoreBooks!
publishing

mbl

www.ingramcontent.com/pod-product-compliance

Lightning Source LLC
Chambersburg PA
CBHW021120210326

41598CB00017B/1512